물, 돌, 대나무, 흙, 종이……

건축과 자연

놀랍도록 기발한 방식으로 조우하다!

자연스러운 건축

自然な建築

2010년 7월 29일 초판 발행 ○ 2021년 5월 10일 4쇄 발행 ○ 지은이 구마 겐고 ○ 옮긴이 임태희
펴낸이 안미르 ○ 주간 문지숙 ○ 편집 이현정 정은주 ○ 디자인 안삼열 ○ 커뮤니케이션 심윤서
영업관리 황아리 ○ 인쇄·제책 스크린그래픽 ○ 펴낸곳 (주)안그라픽스 10881 경기도 파주시 회동길 125-15
전화 031.955.7766(편집) 031.955.7755(고객서비스) ○ 팩스 031.955.7744 ○ 이메일 agbook@ag.co.kr
웹사이트 www.agbook.co.kr ○ 등록번호 제2-236(1975.7.7)

SHIZEN NA KENCHIKU by Kengo Kuma
ⓒ 2008 by Kengo Kuma
First published 2008 by Iwanami Shoten, Publishers, Tokyo.
This Korean edition published 2010 by Ahn Graphics Ltd., Paju by arrangement with
the proprietor c/o Iwanami Shoten, Publishers, Tokyo through Iyagi Agency, Seoul.

이 책의 한국어판 출판권은 이야기에이전시를 통해 저작권자와 독점 계약한
(주)안그라픽스에 있습니다. 저작권법에 따라 한국 내에서 보호를 받는 저작물이므로
무단전재 및 복제를 금합니다. 정가는 뒤표지에 있습니다.
잘못된 책은 구입하신 곳에서 교환해 드립니다.

이 책의 국립중앙도서관 출판예정도서목록(CIP)은 서지정보유통지원시스템 홈페이지(seoji.nl.go.kr)와
국가자료공동목록시스템(www.nl.go.kr/kolisnet)에서 이용하실 수 있습니다.
CIP제어번호: CIP2013007054

ISBN 978.89.7059.455.2(03600)

자연스러운

구마 겐고 지음 | 임태희 옮김

건축

안그라픽스

차례

한국어판 『자연스러운 건축』 출간에 즈음하여　　　　　　　　　　　006

서론　　20세기는　　　　　　　　　　　　　　　　　　　　　　010

1장　　흘러가는 물 - 수평으로 그리고 입자로　　　　　　　　　　028

2장　　돌 미술관 - 모더니즘적 단절의 수복　　　　　　　　　　　058

3장　　촛쿠라 광장 - 대지에 녹아드는 건축　　　　　　　　　　　100

4장　　히로시게 미술관 - 라이트와 인상파 그리고 표층적 공간　　 120

5장	대나무 - 그레이트 월 코뮌의 모험	156
6장	안요지 - 흙 벽의 민주화	190
7장	기로잔전망대 - 자연과 인간의 경계	210
8장	와시 - 유연함에 대한 도전	226
결론	자연스러운 건축	250

고마움을 전하며	271
『자연스러운 건축』을 우리말로 옮기면서	275

한국어판 『자연스러운 건축』 출간에 즈음하여

나는 한국과 일본, 양국의 자연관이 다르다고 생각하지 않는다.
'자연관'이라는 것은 사람과 자연이 관계를 맺는 방식이며
사람의 생활도, 사람이 만드는 건축도, 자연관과 연결되어 있다.
일본인이라고 해서 누구나 똑같은 자연관을 갖고 있지 않은 것처럼,
나라나 국가에 귀속되는 개념도 아니다. 이것은 가장 작은 장소에,
개인이라고 하는 가장 작은 단위에 귀속한다고 생각한다. 태어난
장소, 자란 장소, 살고 있는 장소가 다양한 모습으로 그 사람의
자연관에 영향을 미친다. 당연한 이야기이지만 영향을 받은 개인도
각양각색이기 마련이다.

그러므로 나는 일본적인 자연관, 한국적인 자연관이라는
정의에는 별로 관심이 없다.

오히려 각각의 장소, 거기에 사는 사람이 주요 관심 사항이다.
장소와 장소, 사람과 사람과의 영향에도 관심을 갖는다. 이 책에서
언급한 예에도 조선시대의 영향이라고 여겨지는 건축 방법이
몇 가지 있다. 정확하게 말하면 조선시대로부터의 영향이 아니라

그 시대의 어떤 특정 장소가 동쪽의 섬, 일본 어느 특정 장소에 영향을 준 것이라고 할 수 있다. 나라에서 나라로 영향을 준 것은 아니다.

　구체적으로는 일본의 도치기현(栃木県)에서 볼 수 있는 돌 창고는 조선 어딘가에서 영향을 받았던 것은 아닐까 추측하고 있다. 일본에서는 돌로 창고를 만드는 전통이 있는 곳이 아주 드물다. 대부분의 장소에서는 나무로 골조를 만들고, 그 위에 흙이나 회벽을 바르는 창고가 대부분이다. 그러나 이상하게도 도치기현에서는 돌로 창고를 만들고, 뿐만 아니라 옛날부터 말을 많이 키워서 운송, 농경 등에 말을 사용해 왔다. 말 문화도 일본에서는 일반적이지 않다. 이 사실도 한반도 어딘가에서 이바라키현(茨城県)으로 건너온 것은 아닐까 상상해 본다.

　나는 도치기현에서 몇 번의 작업을 했다. '돌 미술관'도, '좃쿠라 광장'도 도치기현 돌 창고의 전통이 없었다면 결코 만들지 못했을 것이다. 조선의 이름 모를 장소가, 그 장소의 고유한 문화가, 이 두 건축을 탄생시켰다고 말해도 좋을 것이다.

마찬가지로 야마구치현(山口県)의 도요우라(豊浦)에서 디자인했던 햇볕에 건조시킨 벽돌 건축도 조선과 관련되어 있을 것이라고 추측하고 있다. 왜냐하면 도요우라처럼 건조시킨 벽돌 공법을 사용한 창고나 벽을 만드는 장소는 일본 어디에도 찾아볼 수가 없기 때문이다. 야마구치현은 지리적으로도 조선과 가까워 다양한 영향을 받았을 것이다. 햇볕에 건조시킨 벽돌 공법은 이러한 사례 가운데서도 가장 밀접한 연관이 있는 예라고 생각한다.

　　'자연은 이런 것이다.'라는 일반론이 아니다. 어떠한 나라의 자연이라고 하는 것도 아니다. 자연은 어떤 특정한 장소에 구체적인 모습으로만 존재한다. 자연은 유토피아도 아니고, 꿈도 아니고, 각각의 장소에 부여된 과혹하고 구체적인 별칭이다. 특정한 장소와 장소, 그 장소 사이의 교류를 통해 건축은 앞으로 전진해 간다. 『자연스러운 건축』에서 말하고 싶었던 것이 바로 그것이다.

　　20세기 초에는 국제화를 추구하는 건축이 진행되어 왔지만, 사실 건축이라는 존재는 국제적일 수가 없으며, 국가라는 광범위한 단위에 귀속될 리가 없는 존재이다. 인간은 어디까지나 개인이라는 고유한 존재이고, 마찬가지로 인간의 생활을 담는 그릇인 건축 또한 특정 장소에 한정된 단독의 존재이다. 그런 인식의 전환에서 다시 한번 건축을 생각해 보고 싶었다.

    2010년 7월

    구마 겐고

자연스러운 건축은 자연 소재로 만들어진 건축이 아니다.
당연한 이야기지만 콘크리트 위에 자연 소재를 붙인 건축은 더더욱 아니다.
어떤 것이 존재하는 장소와 행복한 관계를 가지고 있을 때
우리들은 그 자체를 자연스럽다고 느낀다.
자연과의 관계성인 것이다. 자연스러운 건축은
그것이 지어지는 장소와 행복한 관계를 가지는 건축이다.

서론 — 20세기는

◉

 "20세기는 어떤 시대였습니까?"라는 질문을 받는다면, 여러분은 어떻게 대답할 것인가? 나는 주저 없이 "콘크리트의 시대였습니다."라고 대답할 것이다.

 그 정도로 콘크리트라는 소재와 20세기라는 시대는 궁합이 딱 맞아떨어졌다. 딱 맞은 정도가 아니라 콘크리트가 20세기의 도시를 만들고, 국가를 만들고, 문화를 만들었다. 그 산물 위에서 지금도 우리들은 생활하고 있는 것이다. 20세기의 테마는 국제화와 세계화였다. 하나의 기술로 세계를 다 덮어 버리고 세계를 하나로 통합하는 것이 이 시대의 주제였다. 물류, 통신, 방송 등 모든 영역에서 국제화가 추구되었다. 건축과 도시의 영역에서 그것을 가능하게 한 주역은 바로 콘크리트라는 소재였다.

 우선 콘크리트는 장소를 선택하지 않는다. 나무로 만든 합판을 조립해서 형틀을 만드는 정도의 기술은 세계 어디에나 있었고, 모래, 자갈, 시멘트, 철근을 세계 어디에서나 구하는 것이 가능했다. 형틀 속에 철근을 짜 넣고, 모래, 자갈, 시멘트를 투어 넣으면 그것으로 끝이다. 철골의 건축도 20세기의 산물이지만 철골조는 콘크리트에 비교하면 훨씬 난이도가 높은 고도의

1. 르 코르뷔지에 / 인도 찬디가르의 주회의사당 / 1951

기술이었다.

 콘크리트만큼 보편적인 건축 기술은 역사상 존재하지 않는다. 그러므로 르 코르뷔지에(Le Corbusier)가 1950년대 인도의 대평원 속 찬디가르에서 신도시를 만들 때에도 콘크리트로 하늘에 뜨는 거대한 조각과 같은 자유로운 조형을 할 수 있었던 셈이고,[1] 1970년대 루이스 칸(Louis Kahn)이 방글라데시의 국회의사당[2]을 만들었을 때도 콘크리트를 선택해서 고대 유적과 같은 건축을 만들게 된 것이다. 일본의 단게 겐조(丹下健三)도 일본의 전통 건축에서 나무 짜맞춤을 연상시키는 디자인을

2. 루이스 칸 / 방글라데시 다카의 국회의사당 / 1974

3. 단게 겐조 / 가가와현 청사 / 1958

적용한 가가와현(香川県) 청사³를 비롯한 대부분의 작품을 콘크리트로 만들었다. 그들은 지역 문화와 풍토를 존중하는 위대한 건축가였지만 석조나 철골조나 목조 혹은 그 지역에 옛날부터 전해지는 지방 고유의 공법은 선택하지 않았다.

콘크리트의 자유로움

◉

콘크리트는 장소를 선택하지 않는 보편성뿐 아니라 어떤 조형도 가능하게 하는 또 하나의 보편성, 즉 자유를 가지고 있다. 형틀을 만드는 방법을 바꾸는 것만으로 어떠한 곡면도 자유롭게 만들 수 있고, 물론 직선으로 날카로운 뼈대를 만드는 것도 간단하게 할 수 있다. 그러므로 건축을 막 배우기 시작한 학생은 콘크리트를 아주 좋아한다. 자신이 짓고 싶은 형태의 윤곽선을 그린 다음에 그 선의 안쪽이 콘크리트로 막혀 있다고 생각하면 아무런 문제가 제기되지 않는다. 철골조나 목조의 도면을 그린다고 생각하면 그렇게 간단하게 도면화할 수는 없다. '조인트(연결 부분)는 어떻게 되고 있는가?' 혹은 '이런 식으로 하면 조인트에 틈이 생겨 바람도 벌레도 마구 새어 나오는 건 아닐까?'라고 선생이 호통을 칠 수도 있다. 그렇게 말하는 선생 자신도 유감스럽지만 실제로는 철골조나 목조의 도면은 그릴 수 없다. 콘크리트는 탁월할 정도로 '쉬운 건축'이다.

게다가 형태의 자유로움은 덤처럼 따라 붙어서 표층의 자유라는 경품까지 우리에게 선사한다. 호화스럽고 돈이 많이 드는 것처럼 보이는 건물로 만들고 싶을 때는 콘크리트 위에 얇은 돌을 붙이면 된다. 하이테크처럼 보이거나 미래의 이미지를 만들고 싶을 때는 은색의 알루미늄판을 붙이면 된다.
친환경적인 건물처럼 보이고 싶을 때에는 나무판을 붙이거나
흙을 얇게 바르면 된다.

이것은 학생이 그리는 도면에만 해당하는 이야기가 아니다.
실제 건축 시공의 실정이기도 하다. 우리 주변에 있는 건축물
대부분이 그런 식으로 콘크리트 위에 여러 가지 화장을 덧바르는
방법으로 완성된다. 콘크리트는 강해서 그 위에 무엇인가를
덧달기에 가장 손쉬운 건축 재료이다. 이렇게 화장하기 좋은
재료는 찾아보기 힘들다. 그러한 이유에서도 콘크리트는 가장
보편적인 재료이고, 모든 디자이너의 그 어떤 취향도 자유롭게
적용 가능하며, 저비용에서 고급 건축까지 어떤 예산이든
상관하지 않는다. 콘크리트는 화장으로 모든 문제에
훌륭하게 대응하는 것이다.

이 시공 방법은 컴퓨터 그래픽에서 가장 일반적인 '텍스처
매핑'이라는 기법과 매우 흡사하다. 컴퓨터 그래픽으로 건축물을
그릴 때, 우리들은 우선 모델링이라는 작업부터 시작한다. 직방체,
공, 실린더 등 물체의 형태를 입력하는 것이 모델링이다. 형태가
다 입력되면 그 다음에는 텍스처를 적용한다. '대리석' 텍스처를
붙이거나 '나무판' 텍스처를 붙인다. 이 조작이 텍스처 매핑이다.
콘크리트 건축은 실제로 텍스처 매핑적인 시공 방법으로

구현되므로 컴퓨터에서도 같은 방법을 적용하면 된다. 게다가 한 가지 덧붙이자면, 우리들의 뇌 속에도 '건축 = 콘크리트 + 화장'이라는 고정 관념이 있다.

그 정도의 압도적인 보편성이 있으면서도 콘크리트는 터무니없을 정도로 강한 건축 소재이기도 하다. 지진에도 강하고, 화재에도 강하고, 벌레에게 먹힐 일도 없다. 그런 만능의 소재가 20세기에 보급되지 않을 리가 없었다. 보편적이라고 하는 것은 장소를 선택하지 않는 것이기도 하며, 또 건축의 취향(단순한 것에서 복잡한 장식이 들어가는 것까지), 종류(주택에서 사무실까지)를 선택하지 않는 것이며, 또한 모든 비용에 대응할 수 있는 것이다.

그러나 장소를 선택하지 않는 것은 반대로 말하면 모든 장소를 콘크리트라고 하는 하나의 기술과 그 기술 뒤에 잠재하는 단일한 철학에 의해서 동일화해 버리는 것이기도 하다. 장소는 자연을 의미한다. 다양한 장소, 다양한 자연이 콘크리트라는 단일 기술의 힘으로 파괴되어 버리는 것이다. 또 취향, 종류, 비용을 선택하지 않는다는 것은 반대로 말하면 다양한 표면의 뒷편에는 콘크리트라는 단일하고 확고한 본질이 조용히 숨어 있다는 것이다. 이렇게 자연의 다양성이 상실될 뿐만 아니라 건축의 다양성도 상실된다. 20세기는 그런 쓸쓸한 시대였다.

그리고 우리는 콘크리트의 '강함'에 주목하지 않으면 안 된다. 콘크리트는 갑자기 굳는다. 굳기 전까지는 끈적끈적한 부정형의 액체였던 것이 어느 순간에 갑자기 믿을 수 없을 만큼 단단해지고 강한 물질로 변신한다. 그 순간부터 후퇴는 없다. 그러므로 콘크리트의 시간은 비연속적인 시간이다. 목조 건축의 시간과는 대조적이다. 목조 건축에서는 콘크리트의 시간과 같은 '특별한 순간'은 존재하지 않는다. 생활의 변화에 따라 부재의 노화에 따라 썩거나 문제가 생기는 것을 조금씩 고치면서 조금씩 변화되어 간다.

정반대의 관점에서 보면, 20세기의 사람들은 콘크리트와 같은 불연속적인 시간을 추구했을지도 모른다. 그렇게 해서 부정형한 것들을 고정화하는 것에 정열을 바친 것이다. 예를 들면, 20세기의 사람들은 핵가족을 위한 집에 열광했다. 20세기의 경제 구조에서는 '자기 집'을 갖는 것이 일종의 로망이었다. 종래의 지연, 혈연 관계가 붕괴되어, 가족이라는 고립된 단위가 큰 바다를 표류하기 시작한 것이 20세기였다. 근대에 들어 가족은 불확실한 존재가 되었다. 불안정한 존재를 확고한 형태로 고정하기 위해서 그들은 주택 융자로 고액의 돈을 빌리면서까지 집을 사고, 그것으로 가족을 '고정'하려고 했다. 혹은 콘크리트제의 맨션이라는 단단한 그릇 안에 수용해 존재의 불안정성을 '고정'하려고 했던 것이다. 불안정한 자신을 콘크리트처럼 다시 굳히고 싶어 했다.

마찬가지로 국가나 자치단체 등 모든 공동체가 콘크리트로 고정한 명확한 '형태'를 획득하는 것으로 존재의 불안정성을 해소하려고 했다. 아니, 해소하려는 생각이었다. '상자 같은 건축'이라는 별칭은 그렇게 해서 만들어졌다. 20세기 사람들의 욕구에 콘크리트는 최적의 소재로 보인 것이다.

그러나 실제로는 불안정한 것일수록 겉을 고정하는 것만으로는 구제되지 않는다. 사실 불안정한 것이 가장 필요로 하는 것은 유연성이며 고정화는 부자연스럽고 무리한 족쇄를 채우기만 하고 있을 뿐이다. 혹은 콘크리트에 의한 고정화는 무용한 존재(공동체)에 대해 발생하는 불필요한 비용의 지출이었다. 콘크리트는 사라져 가는 불안정한 물건들의 일방적인 외침이었다.

강하지 않은 콘크리트

⊙

'강한' 콘크리트가 사실은 강하지 않다는 점을 주목해 보자. 강할 것 같은 콘크리트는 영원하게 느껴지지만, 몇십 년 뒤에는 가장 처리하기 어려운 산업 폐기물이 되어 버리고 만다. 노화의 정도를 표면에서 보기 어렵다는 것이 더욱 큰 문제이다. 내부에서 철근이 부식되고 있거나 혹은 콘크리트 자체의 강도에 문제가 생겨도 표면에서는 이것을 알아채기 힘들다. 나무이건 종이이건 간에 시간이 흘러가면 상처가 나기도 하고 오염이 되기도 한다. 상처나 오염은 확실하게 눈으로 보인다. 그러면 그 부분을 교환하는 것으로 지속시킬 수 있다. 그렇게 해서 목조의 시간 속에서는 연속적으로 보존하는 것이 가능하다. 관찰력과 노력만 있으면 되는 것이다. 반대로 콘크리트의 으스스함은 그 내용이 보이지 않는 데 있다. 보이지 않기 때문에 사람들은 거기에 실제 이상의 압도적 강도를 가상하고, 불안정성을 고정화하는 초월적인 힘을 기대하게 된다.

내용이 보이지 않는 것에 콘크리트의 본질이 있다. 그래서 표면에 화장으로 덧칠하는 행위가 태연하게 행해지는 것이다. 처음부터 내용이 보이지 않기 때문에 그 위에 무엇인가를 덧칠하고, 게다가 그 덧칠은 불투명하다. 하지만 본질에는 변화가 없다. 감각은 마비되고 덧칠은 일상화된다.

반대로 유리같이 투명한 소재에 화장을 하는 것은 주저한다. 일본의 전통 목조 건축은 투명한 건축으로, 건축을 유지하는 구조체(기둥)는 최후의 최후까지 노출되어, 노출된 채의 알몸이 최종 마무리로 여겨진다. 은폐하는 것은 죄악으로 간주된다.

콘크리트 건축에서는 필요한 철근을 넣지 않더라도 쉽게 발각되지 않는다. 이런 속임수는 콘크리트가 불투명한 이상 어쩔 수 없다. 20세기 일본에서는 보수적인 사회의 특징인 관료주의의 엄격한 규율로 이러한 종류의 부정을 간신히 억제하고 있었다. 그러나 사회의 탈영역화가 진행되고 보수적인 사회의 규율이 느슨해지면서, 콘크리트라는 비가시적인 존재는 암흑의 공간으로 전환됐다. 위장하려는 자가 콘크리트의 암흑을 목표로 한 것은 어떤 의미로는 필연적이었던 것이다.

콘크리트는 표상과 존재의 분열을 허용한다. 내용과는 관계없이 화장으로 모든 것을 표상하는 것이 가능하기 때문이다. 그러므로 표상이 중시되었던 시대에, 표상과 존재와의 분열이 진행한 시대에 가장 적합한 소재가 바로 콘크리트였다.

자연 소재

◉

어떤 사람은 콘크리트도 자연 소재라고 한다. 주재료는 모래, 자갈, 철, 시멘트이며, 시멘트도 석회석이 주원료이기 때문에 자연 소재를 조합시켜서 만든 것이 콘크리트라는 논리이다. 자연 소재인가 아닌가 하는 것이 문제는 아니다. 자연과 인공과의 경계는 사실 애매하다. 플라스틱 등의 석유 제품이라고 한들 원래는 땅속에 존재하는 어떤 종류의 생물이 모습을 바꾼 것이고, 가공의 유무로 자연과 인공의 선을 그리려고 한들 지금 인간의 손이 가해지지 않는 소재는 거의 존재하지 않는다.

자연 소재인가 자연 소재가 아닌가의 경계는 지극히 모호하다. 거기에 선을 긋는 행위에 안주해서는 안 된다. 선을 긋는 것만으로는 아무것도 만들어지지 않는다. 우리들은 선 끝에 가지 않으면 안 된다. 자연스러운 건축은 자연 소재로 만들어진 건축이 아니다. 당연한 이야기지만 콘크리트 위에 자연 소재를 붙인 건축은 더더욱 아니다. 어떤 것이 존재하는 장소와 행복한 관계를 가지고 있을 때 우리들은 그 자체를 자연스럽다고 느낀다. 자연과의 관계성인 것이다. 자연스러운 건축은 그것이 지어지는 장소와 행복한 관계를 가지는 건축이다.

그렇다면 행복한 관계는 무엇인가? 그 장소의 경관과

친숙해지는 것이 행복한 관계라고 정의하는 사람도 있다. 그러나 이 정의는 건축을 표상으로 취급하는 건축관에서 종종 볼 수 있다. 장소를 표상으로서 취급할 때, 장소는 경관이라고 하는 이름으로 불린다. 표상으로서의 건축과 경관이라고 하는 표상을 조화롭게 하려는 생각에서 자유로워지지 않으면 안 된다. 표상에 대해서 논의하면 할수록 우리들은 장소에서 떨어져 나와 시각과 언어를 사용해서 장소라고 하는 구체적이면서 실질적인 존재에서 멀어져 간다. 콘크리트 위에 마감을 붙이는 방법으로 '경관에 조화된 건축'은 얼마든지 만들 수 있다. 그것을 알아차렸을 때, 나는 경관론이 불충분하다고 생각하게 되었다.

 장소에 뿌리를 내리게 하고, 장소와 접속하기 위해서는 건축을 표상으로서가 아니라 존재로서 생각하지 않으면 안 된다. 단순하게 말하면 모든 것은 만들어지고(생산), 그리고 수용(소비)된다. 표상은 존재하는 것이 어떻게 보일지의 문제이며 그러한 의미로 수용되는 방법이며, 수용과 소비는 인간에게 유사한 활동이다. 한편 존재는 생산 행위의 결과이며, 존재와 생산은 불가분한 관계이다.

자연스러운 건축

⊙

20세기는 존재와 표상이 분열되고 표상을 둘러싼 기술이 비대해진 결과, 존재(생산)는 극단적으로 무시되었다. '어떻게 존재할 것인가' '어떻게 만들어져 있는가'가 아니고 '어떻게 보일지' 그것만이 주목받았다. 20세기는 광고 대행사의 세기였다고 말하는 사람도 있다. 표상을 둘러싼 기술을 가지고 서로 경쟁하는 시대였다. 표상의 조작을 되돌아보면, 광고만이 무한하게 만들어 내는 것이 가능했으며, 그 나름의 감동과 놀람도 계속해서 만들 수 있었다. 그러나 그것은 인간의 풍요로움과는 그다지 관계가 없다. 진정한 풍요로움을 찾고 싶다면 건축을 어떻게 생산할지에 대해 생각해야 한다. 장소를 재료로 하고, 그 장소에 적합한 방법으로 건축을 생산하지 않으면 안 된다. 생산은 장소와 표상을 하나로 엮어 낸다. 장소는 단순한 자연 경관이 아니다. 장소는 각양각색의 소재이며, 소재를 중심으로 전개되는 생활이다. 생산이라는 행위를 통해서 소재와 생활과 표상이 하나로 꿰어지는 것이다. 그 결과로 자연스러운 건축이 태어난다. 프랭크 로이드 라이트(Frank Lloyd Wright)는 '가장 급진적인 건축은 사실은 자연에 뿌리를 내린 건축'이라고 단언했다. '급진'과 '뿌리'라는 말이 같은 어원을 가지고 있다는 것을 잊어서는 안 되며, 위스콘신의 시골에서 성장한 자신의 뿌리가 급진주의(radicalism)의 원점이라고 선언했다.

    그러한 의미에서 일본의 목수는 놀라울 정도로 급진적이다. 집을 만드는 장소에서 구할 수 있는 목재를 사용하는 것이 가장 좋다고 한다. 기능적으로도 겉보기에도 가장 어울린다고 이야기한다. 그것을 장인의 고집스런 여담으로 생각해서는 안 된다. 장소에서 뿌리가 자란 생산 행위야말로 장소와 뿌리에서 자란 존재와 표상을 하나로 다시 연결한다는 것을 그들은 직관적으로 파악하고 있다. 그 방법의 가능성을 구체적인 장소를 통해서 하나하나 살펴 가는 것이 이 책의 주제이다.

루버를 사용하는 것은 이 작품이 처음이었다.
루버가 입자를 만들어 낸다.
물을 진지하게 생각하게 된 덕분으로
루버라는 건축 요소와 만나게 되었다.
그것은 나에게 아주 중요한 것이었다.
자연과 건축을 연결시키는 가장 훌륭한 장치를
처음 만나는 계기가 된 것이다.

1 — 흘러가는 물

수평으로 그리고 입자로

4. 워터/글라스 / 1995

◉

　　예상치 못한 재회였다. 아타미(熱海)의 새파란 태평양이 발밑으로 내려다 보이는 언덕 위에서 그 사람과 또 다시 만나게 된 것이다.
　　그 사람과 처음으로 만났던 것은 초등학생 때였다. 그날 밤, 아버지는 응접실 책상 위에 작은 나무 상자 하나를 꺼냈다. 담배나 과자가 들어 있을 것 같은 크기였다. 토속적이지도 않고, 그렇다고 해서 차갑거나 딱딱한 모더니즘의 디자인과도 다른 신기한 질감을 가진 나무 상자였다. "독일의 브루노 타우트(Bruno Taut)라는 건축가를 알고 있니?" '타우트'라는 이름의 세계적인 건축가가 이 상자를 디자인했다는 아버지의 자랑스러운 듯한 이야기를 한동안 들은 이후, 상자를 뒤집어 보니 일본어로 '타우트/이노우에'라고 각인되어 있는 것을 보고 조금은 실망스러웠다. '이거 뭐야, 일본제잖아!'
　　대학에 들어가서 건축을 조금씩 알기 시작할 때, 타우트라는 이름을 다시 접하게 되었다. 그러면서 '타우트/이노우에'의 유래를 알게 되었다. 1933년 나치스가 정권을 가지게 되던 해에 타우트는 일본을 방문했다. 더 정확하게 말하면, 일본으로 도망 온 것이다. 그는 나치스로부터 공산주의자라는 혐의를 받아시베리아 철도를 경유해 바다를 건너 스루가항(敦賀港)까지 왔다. 항구에 들어온 다음 날인 5월 4일의 에피소드, 이 이야기는 일본의 근대 건축사를 장식하는 비화가 되고도 남았다.

가쓰라리큐

⊙

5월 4일은 타우트의 생일이었다. 그날 타우트는 가쓰라리큐(桂離宮)를 방문했다. "순수하고, 있는 그대로의 건축이다. 마음을 울린다. 어린아이같이 티없고 순진하다. 현대 건축에서 실현할 수 있는 가장 이상적인 건축물이다…… 아마도 내 인생에서 가장 훌륭한 생일날이 될 것이다."(『일본 타우트의 일기日本タウトの日記』 중에서, 시노다 히데오篠田英雄 옮김, 이와나미쇼텐, 1975) 당시의 가쓰라리큐는 오늘날처럼 유명한 존재가 아니었다. 타우트는 아무런 예비 지식도 없이 일본 건축가가 안내하는 대로, 17세기의 건축물을 방문했다. 정원에 발을 들여놓은 순간 타우트는 갑자기 천둥에 맞은 것 같은 충격을 받았다. 과장이 아니라, 그는 가쓰라리큐야말로 20세기 모더니즘의 정수를 보여 주는 건축물이라는 것을 실감했다.

한편 타우트를 가쓰라리큐로 이끌었던 '일본인터내셔널 건축회'의 건축가들에게는 다른 속내가 있었다. 모더니즘을 선도하는 세계적인 건축가 타우트가 기둥과 대들보를 그대로 들어내고 있는 심플한 가쓰라리큐의 디자인을 칭찬해 주지는 않을까 하는 마음이었다. 모더니즘은 당시의 유럽 건축계를 석권하며 엄청난 기세를 떨치고 있는 중이었다. 사실 그 무렵의 타우트는 모더니즘을 비판의 시선으로 보기 시작했다. 원래 그는 '철의 모뉴먼트[5]'(라이프치히 국제건축박람회의 교량철도건설연맹회를 위한 파빌리온)와 '글라스 하우스[6]'(독일공작연맹 쾰른박람회를 위한 유리공업조합의 파빌리온), 이 2개의 충격적인 건축 설계를 통해서 모더니즘에 불을 붙이는 역할을 했다. 그럼에도 시간이 지난 뒤에는 모더니즘의 전개에 대해 비판적인 모습을 보였다.

그 당시 타우트는 일종의 유행이었던 모더니즘을 포르말리즘(Formalism, 형식주의)이라고 비판했다. 또한 모더니즘에서 스타 건축가였던 르 코르뷔지에나 미스 반데어로에(Ludwig Mies van der Rohe)를 포르말리스트라며 부정했다. 그는 형태의 아름다움보다 훨씬 중요한 것이 건축에 있다고 생각했다. 그의 말을 빌리자면 그것은 '관계성'이었다. 주체와 세계와의 관계성이 바로 그것이었다. 타우트는 나라는 주체를 세계라는 확장된 상대와 확실한 관계를 맺기 위해 매개하는 역할이 필요하고, 건축은 그 매개체의 역할을 담당해야 한다고 생각했다. 모더니즘의 건축은 세계로부터 자립하고 독립했으며, 형태의 아름다움을 목표로 하고 있는 것에 지나지 않는다고, 그렇게 세계로부터 고립해 버린 건축이 늘어나면 세계의 혼란은 더욱 심각해져 갈 것이라고 생각했다.

그러면 '관계성' 있는 건축이라는 것은 구체적으로 어떠한

5. 브루노 타우트 / 철의 모뉴먼트 / 1913

6. 브루노 타우트 / 글라스 하우스 / 1914

것을 말하는 것일까? 그 질문의 광대함 앞에서 고민하던 타우트의 눈앞에 갑자기 생각지도 않던 가쓰라리큐가 나타난 것이다. 그것을 그는 '기적'이라고 평했다. "이 기적의 진수는 관계의 양식, 다시 말해서 건축이 당면한 상호적인 관계이다."(『일본미의 재발견日本の再発見』 중에서, 시노다 히데오 옮김, 이와나미쇼텐, 1939)

    타우트의 가쓰라리큐는 건축론으로서는 맥 빠지게 하는 논리였다. 안내를 맡았던 일본인터내셔널건축회의 사람들이 기대했던 '모더니즘 찬가'와는 전혀 달랐으며, 그렇다고 해서 전통 건축에 대한 찬미라고 보기에도 어려웠다. 건축론이지만 정원의 이야기가 중심이 되고, 주관적이며 또 어려웠다. 사실 타우트 자신도 '관계성'이라는 애매한 개념을 억지로 언어화하는 데 고충을 느꼈기 때문에, 애매하고 주관적인 표현을 하지 않으면 안 되었던 것이다.

    자기 자신이라고 하는 주체가 건축 혹은 다리라 할 수 있는 매개를 통해서 정원(자연)과 어떻게 접속하며, 정원을 통해 우주나 세계라고 하는 영역과 어떻게 연결되고 있는지, 그러한 깊이 있는 장소에 가쓰라리큐가 어떻게 있는 것인지를 타우트는 밀도 있게 말하고 있다. 이해하기 어려운 표현의 밑바닥에 흐르고 있는 것은, 오래된 17세기의 정원이기에 모더니즘을 초월한 그 무엇이 있다고 확신했던 것이다.

    사실은 그 확신을 현실의 작품에 투영하고자 했던 프로젝트가 바로 타우트가 설계한 아타미에 있는 '휴가저택(日向邸)'이었다. 아주 작은 휴가저택의 실내 사진 한 장을 간신히 작품집에서 발견했다. 어두 컴컴한 실내와 그의 '확신'이 어떻게 관계를 맺고 있는 것인지, 당시 나의 눈에는 아무것도 보이지 않았다.

타우트/이노우에

⊙

그 후에 '그 사람＝타우트'와 만나게 된 것은 1988년의 일이었다. 내가 설계 사무소를 차리고 3년 뒤의 일이다. 어느 날, 다카자키(高崎)의 건축회사인 이노우에공업으로부터 설계 의뢰가 들어왔다. 이노우에공업…… 어디선가 들어 본 적이 있는 이름이었다.

타우트가 3년간(1933–1936) 일본에서 체재하는 데 경제적인 지원을 해 주었던 실업가가 있었다. 다카자키의 실업가였던 이노우에 후사이치로(井上房一郎)였던 것이다. 그는 타우트를 다카자키에 초대하고 쇼우린잔 다루마지(少林山達磨寺)의 센신테이(洗心亭)에 살게 하고는, 다카자키 공업시험소에서 일하게 했다. 그곳에서 타우트가 자유롭게 디자인하게 해 주었다. 그리고 긴자 7초메 코너에 '미라테스'라는 작은 가게를 열어 타우트가 디자인한 가구, 작은 물건들, 담요 등을 판매하게 했다. 그 가게에서 판매했던 것 중에서 나무 상자 하나를 나의 아버지가 사 가지고 오셨다. 그것을 우리집 응접실 책상 위에 소중하게 간직하고 있었던 것이다.

이노우에공업으로부터 받은 설계 의뢰는 호텔이었다. 게다가 이노우에 후사이치로 씨는 당시 90세를 넘는 연세에도 아주

1 흘러가는 물

건강하셨다. "타우트는 도대체 어떤 사람이었나요?" 하고 물어보면 이렇게 대답하곤 했다.

"도면을 그리는 것이 아주 빠른 남자였지…… may be so …… 라고 혼자 중얼중얼 거리면서, 혼자서 도면을 쓱쓱 그려 나갔지……."

휴가저택

⊙

시간이 흘러 이노우에 씨와의 만남으로부터 5년이 지났다. 나는 아타미의 언덕을 다시 찾았다. 어떤 기업으로부터 게스트하우스 설계를 의뢰받았기 때문이었다. 아타미의 히가시야마(東山)라고 불리는 바닷가의 작은 언덕 위에 있는 대지를 보러 가기 위해서였다.

그 근처를 어슬렁거리며 기웃거리기도 하고, 걷기도 하고, 사진을 찍기도 하고, 그러고 있으려니까 뭔가 수상쩍다고 여겨졌는지 옆집에서 부인이 밖으로 나왔다. "건축하시는 분이세요? 그렇다면 우리집 구경 한번 하시겠어요? 사실 타우트라는 건축가가 설계한 집인데요……."

'또 그 사람이란 말인가?' 하고 말문이 막히는 듯했다. 세 번째 만남이었다. 타우트의 휴가저택이 내가 설계를 할 대지의 바로 옆집이었단 말인가. 부인의 뒤를 따라 작은 문으로 들어갔다. 외관은 특별할 바 없는 보통의 목조로 된 2층집이었다. 스미토모(住友)를 이끄는 중역이었던 휴가 리헤에(日向利兵衛)는, 아타미 바다가 보이는 경사지를 구입했다. 타우트에게 설계를 의뢰하기 수년 전, 언덕에 삐쭉 나온 것 같은 콘크리트의 인공 지반을 만들어 놓고는[7,8] 그 위에 동네 목수에게 부탁하여

7. 브루노 타우트 / 휴가저택 단면도 / 1936

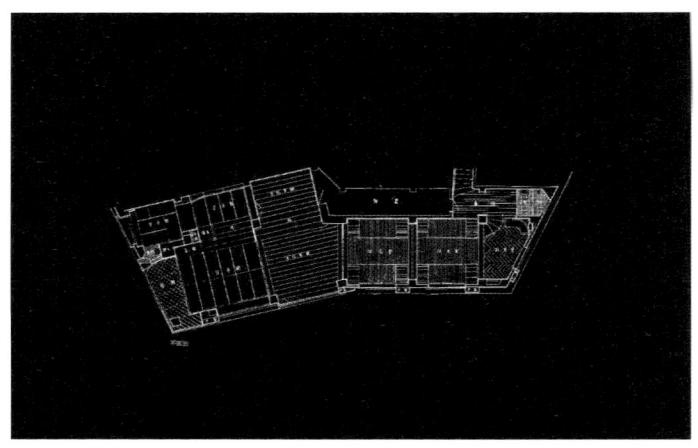

8. 브루노 타우트 / 휴가저택 평면도 / 1936

2층으로 된 목조 건물을 만들었다.

　　인공 지반을 만든 덕에 인공 지반 밑에는 어디에서도 보이지 않는 반지하와 같은 불가사의한 장소가 생겨났다. 타우트가 설계한 것은 그 움막과 같이 보이지 않는 공간이었다. 휴가 씨는 타우트에게 그곳의 내부 디자인을 의뢰하면서, 댄스 파티도 가능한 방을 부탁했다.

　　그 의뢰는 규모가 작은 인테리어 설계였다. 외관 디자인도 없고, 어디에서도 보이지 않는 곳이었기 때문에 보통의 건축가라면 그다지 기쁘지 않은 일이었을지 모른다. 하물며 타우트는 이미 세계적인 명사였다. 그러나 놀랍게도 그는 이 프로젝트를 기쁘게 받아들이고 도면을 그렸다.

　　이윽고 도면이 완성되고, 이에 기뻐했던 타우트는 친구였던 베를린시 건축감독관 마틴 와그너에게 자랑하는 편지까지 썼다. 그러나 당시 일본 건축계는 이 집을 조금도 받아들이지 않았다. 유럽에서 건너온 '거장'에게 모더니즘의 모범답안과 같은 샤프한 디자인을 기대했더니, 완성된 것은 일본에 아첨하는 듯한 어정쩡한 어두운 공간이었다.

　　그럼에도 불구하고 타우트의 자신만만한 행동에 일본인들의 평가는 급속하게 추락했다. 더는 일본에 남아 있을 이유가 없어진 타우트는 1936년 일본을 떠나 이스탄불로 향하고 만다.

반지하의 사교실

⊙

부인의 뒤를 따라서 반지하의 사교실로 내려갔다. 그곳이 타우트가 디자인한 부분이었다. 일본 전통 공간에서 볼 수 있는, 숨겨져 있는 계단처럼 작고 어두운 구멍을 따라 내려가니 정면에 대나무를 늘어 세운 벽면이 보였다. 오른쪽으로 시선을 옮기니 갑자기 태평양이 눈앞에 펼쳐진다. 파도 소리가 귓가에서 울려 퍼진다. 이처럼 바다와 어떻게 관계를 맺을 것인가가 이 공간에서 가장 중요한 디자인이다. 이 테마에 따라 바닥에는 기묘한 단차(높낮이 차이)가 만들어지고, 그 결과 개구부의 크기가 결정되고, 바닥의 모서리 디테일이 섬세하게 만들어져 있다. 벽에는 단조롭고 침착한 색들로 조합된 천들이 붙어 있다. 거기에 출현한 '관계성'은 카메라로는 도저히 전달할 수 없는 것이었다. 카메라를 실내 공간 쪽으로 향하게 하면 단지 어두운 벽면만 찍힐 것이며, 거꾸로 바다를 향해서 셔터를 누르면 바다 풍경이 찍힐 것이다. 주체가 기묘한 건축을 매개로 해서 바다(자연)와 하나가 되는 스릴 만점의 대사건은, 사진으로는 처음부터 찍을 수 없는 것이었는지도 모른다. '사진의 시대'였던 20세기는, 다시 말하면 건축이 '사진'을 통해서 유통되고 평가받는 시대였다. '관계성'의 본질이 20세기의 사람들에게 전달되는 일은 불가능한 일이었다. 사진의 시대에는 타우트가 부정했던 포르말리즘의 건축, 특징적으로 외관을 조각하듯이 설계하는 건축이 요구되었던 것이다.

 타우트는 일부러 독일에서 힌지(경첩)를 수입하여 목제 창을 만들었다. 100퍼센트 개방이 가능하도록 하기 위한 것이었다. 지금 말하자면 옷장에 주로 사용하는 타입의 힌지였다. 창은 활짝 열 수 있고, 상단과 하단, 이렇게 두 단으로 나누어지는 신기한 형태로 일본풍 방 위에 살포시 얹어져 있었다. 바닥에 엎드려 발을 쭉 뻗고 누워, 파도 소리에 내 몸 전체를 맡겨 본다. 냄새가 몸을 감싼다. 이 모든 것은 사진으로는 절대로 전달할 수 없는 것이다. 실제로 바다는 건축물이 있는 언덕 저 멀리에 위치하고 있지만, 타우트가 끌어 당긴 보조선에 의해서 물과 몸은 하나가 될 수 있었다.

수면의 건축

⊙

도쿄에 돌아와서도 타우트가 설계한 집에서 만난 바다가 머리에서 발끝까지 나의 온몸에서 떠나질 않았다. 타우트가 휴가저택에서 한 것보다도 훨씬 더 가까운 곳까지 바다를 끌어당겨 놓는 것은 불가능한 일일까? 게다가 나는 수면만이 존재하는 건축을 하고 싶어졌다. 수면의 옆에서 잠자고 반짝반짝 빛나는 수면을 바라보면서 그 수면 위로 바람이 지나가고, 또 기분 좋은 바람이 몸 전체를 감싸는 듯한 건축을 만들고 싶어졌다.

나는 어렸을 때부터 바다 가까이에서 자랐고, 바다가 왠지 모르게 좋았다. 바다를 좋아하는 이유에는, 단지 그곳에 물이 있기 때문이 아니라 물이 수평으로 퍼지는 성질과 현상을 가지기 때문이다. 물은 스스로 솟아오른다든지 자립해서 우뚝 서 있는 것이 어렵다. 그 까닭에 바다 가까이에는 높이 솟은 벽면과 같은 존재가 없다. 다시 말하자면 무리하게 압도하는 것이 없다. 이러한 이유로 같은 바다라도 암벽은 어쩐지 좋지가 않다. 물 자체가 솟아오르는 것도 아니고, 암석이 솟아오르는 방법이 어쩐지 자연스럽게 느껴지지 않았기 때문이다. 물론 콘크리트 방파제와 같은 것은 별개의 문제다. 역시 바다는 모래 사장이 가장 편안한 기분이 든다. 모래는 불쑥 솟아오르는 것이 아니라 물과 함께 수평선을 만들어 주어, 이것을 바라보는 사람을 편안하게 만들어 주는 것 같다.

    이렇게 이야기는 하고 있지만, 수면에서는 사람이 살 수 없다. 무언가 솟아올라, 사람의 몸을 보호해 주지 않으면 안 된다. 이 모순을 어떻게 이해해야 하는지가 건축이라는 행위의 열쇠가 된다. 나는 가능하면 인위적으로 솟아오르는 것을 피하고 싶어서, 수면 위에 최소한의 행위로 솟아오를 수 있게 유리만을 세워 놓는 것을 생각했다. 물과 유리, 두 종류의 물체만으로 된 이미지였다. 생각해 보니 타우트의 글라스 하우스도 인테리어에는 풍부한 물이 흐르는 이미지라는 것이 떠올라 깜짝 놀랐다. 이 세상에 유통되는 사진은 유리 결정체와 같이 눈에 보이는 것들 위주로 찍은 건축 외관 사진이어서, 거기에서도 타우트의 의도가 전부 전달되지는 못했던 것이다.

    바다라는 커다란 수면을 몸 가까이에 끌어당기기 위해서 건축의 일부분인 풀(수공간)이 수면의 경계를 이루게 하고, 언제나 물이 넘치게 해서 건축의 수면과 눈 밑에 있는 태평양의 수면이 연속선상에서 하나로 느껴지게 하는 디테일을 생각했다.[10,11] 그리고 타원형 형태의 라운지 바닥을 유리로 하고, 그 결과 유리 밑에도 수면과 같은 깊이가 느껴지도록 했다. 이러한 조작을

9. 워터/글라스 / 1995

10. 워터/글라스 / 1995

11. 워터/글라스 / 1995

반복해서 물과 몸을 연결하고자 했다.

　수면 이외의 요소, 즉 수직으로 솟아올라야만 하는 건축 요소는 가능한 약하고 약하게 디자인했다. 존재감을 점점 지워 가고 싶었다. 그러나 이상하게도 존재감을 지우는 행위가 존재감을 전부 사라지게 하지는 않았다. 수직 요소가 지워지면 의식은 거꾸로 바닥면의 물로 집중하게 된다. 수면은 끊임없이 움직이고 있다. 파도의 커다란 움직임도 있고, 바람에 의해 움직이는 파동과 같은 작은 움직임도 있다. 빛은 거기에 영향을 받아 반짝반짝거린다. 이러한 다양한 변화에 쉽게 질리지는 않을 것이다.

　수면을 관찰하고 있는 사이에, 수면 위에 배치된 지붕은 스테인리스 재질의 간격이 좁은 루버(louver, 폭이 좁은 판을 비스듬히 일정 간격을 두고 수평으로 배열한 것으로, 밖에서는 실내가 들여다보이지 않고, 실내에서는 밖을 내다보는 데 불편이 없는 것이 특징)가 아니면 안 되겠다고 생각했다. 루버가 빛을 섬세한 입자로 분쇄하고, 수면 위의 빛의 입자들이 반짝거리며 춤추게 한다. 빛이 통하지 않는 무거운 수공간이 싫기도 했지만, 유리의 수공간도 빛을 잘게 부수지는 못한다. 수면의 입자와 천장의 빛 입자가 동시에 작용하지 않으면 안 되는 것이다. 루버를 사용하는 것은 이 작품이 처음이었다. 루버가 입자를 만들어 낸다.

물을 진지하게 생각하게 된 덕분으로 루버라는 건축 요소와 만나게 되었다. 그것은 나에게 아주 중요한 것이었다. 자연과 건축을 연결시키는 가장 훌륭한 장치를 처음 만나는 계기가 된 것이다.

입자의 건축

⊙

화가 쇠라(Georges P. Seurat)가 점묘화법을 만들어 낸 계기도, 마찬가지로 바다와의 만남 때문이었다. 쇠라가 노르망디 바다를 그리고 있었을 때, 점묘화법을 생각하게 되었다고 한다.[12] 바다 그림을 그리기 이전의 쇠라의 그림에는 한 점의 점묘도 없었다. 보통의 화가와 마찬가지로 평평한 면에 두껍게 붓칠해 나가는 방식이었다. 그렇지만 노르망디 바다의 반짝거리는 빛의 산란과 만나게 되었을 때, 그는 갑자기 점을 찍기 시작했던 것이다. 이 순간으로 인상파가 시작되었고, 20세기 회화의 역사가 열리게 된 것이었다. 바다가, 그리고 물이 입자의 세계를 열었고 또한 20세기 그림의 역사를 열었다.

점묘화법은 단순한 입자화를 의미하는 것이 아니다. 각각의 입자가 다양한 색을 가지고 다양한 이미지를 발신(發信)한다. 다양한 발신의 전체, 말하자면 발신이 집합된 애매한 구름과 같은 것을 우리들은 전부 받아들이고 있는 것이다. 그때 가장 중요한 것은 우리들, 수용하는 사람들에게 입자인 구름이 어떻게 모습을 바꾸고, 어떻게 출현하는가이다.

이 사실은 무지개를 예로 들어 설명할 수 있다. 무지개를 만드는 것은 수증기라는 입자의 집합체이다. 태양과 입자와

12. 쇠라 / 그란칸의 오크 암벽 / 테이트 갤러리, 런던 / 1885

수용자, 이 세 가지가 '관계성'에 의해 무지개로 출현한다. 더욱
정확하게 말하면 '관계성'이야말로 무지개라고 할 수 있다.
앞서 이야기한 것처럼, 브루노 타우트는 가쓰라리큐의 본질을
'관계성'이라고 보았지만, 그 '관계성'은 무지개를 출현시키는
세 가지의 '관계성'과 같은 것이다. 수용자가 '카츠라'라는
정원 안에서 걷고 있을 때, '카츠라'라는 무지개가 어떻게
다양하고도 풍성하게 출현하는가를 타우트는 말하고 있다.
무지개는 계속해서 흔들리고 있고, 마찬가지로 카츠라도 계속
진동하고 있다. 그렇기 때문에 그러한 애매한 문장으로밖에
서술할 수 없었던 것이다.

입자에 관해서 생각하는 방법을 가장 정밀한 형태로 사고했던 사람은 라이프니츠(Gottfried Wilhelm von Leibniz)였다. 라이프니츠는 경험이 무수하고 정밀한 입자의 불안정한 결합, 진동, 교착을 만들어 낸다고 생각했다. 이것이 그의 모나드(단자)론의 본질이다. 이러한 무한한 가능성의 세계에 영원히 열려 있는 것은 아니지만, 단자는 모든 것을 가지고 있는 것이라고 생각했다. 단자이기 때문에 가질 수 있는 것이다.

어쩌면 응결(凝結)한 것은 이미 변할 수 없는 것이다. 아무것도 가지고 있지 않기 때문이다.

자연의 본질도 무엇인가 계속되는 것일지 모른다. 자연이라는 것은 응결하는 것이 아니기 때문이다. 응결하고 있는 것처럼 보이는 것은, 인간의 근시안적인 시간 개념에서 보고 있기 때문에 고정화된 것처럼 보이는 것뿐이다. 어쩌면 자연에 내재하는 무지하게 완만한 시간표를 보더라도 모든 것은 유동적이고 무엇인가 지속되는 것이며, 이것이 바로 입자라고 하는 것이다.

'워터/글라스' 프로젝트로 바다와 만났기 때문에, 바다가 입자로 이루어졌다는 것을 알고 있었기 때문에, 입자와 같은 건축을 만들고 싶다고 분명하게 생각하게 되었다. 거기에서 루버라는 건축 언어와 만나게 되고, 앞으로 나의 건축에 자주 등장하게 되었다. 루버는 입자의 별칭이라고 생각한다. 일본인은 루버를 격자로 부르는 경향이 있다. 자연과 건축을 연결하는 도구로서 긴 시간 동안 사용해 왔기 때문이다.

자연과 인간을 입자가 연결해 주는 것을 일본인은 쇠라보다도 라이프니츠보다도 빨리 알고 있었을지 모른다.

그러데이션 수법을 구사하면,
이 프로젝트의 외관은 아시노 마을의 조금은 유유자적하고,
조금 수수한 환경과 완만하게 연결하는 존재가 될런지도 모른다.
대비는 결국 환경을 파괴한다.
그러데이션은 환경을 수복한다.
나는 그렇게 생각했다.

2 — 돌 미술관

모더니즘적 단절의 수복

13. 돌 미술관 / 2000

◉

    돌 미술관을 설계하기 전에는, 솔직하게 말해서 돌이라는 소재를 건축에 사용할 생각을 해 본 적이 별로 없었다. 돌이라는 존재 자체가 싫다는 것이 아니다. 돌을 건축에 사용할 경우 현대에서 우리들이 일반적으로 사용하는 방법, 다시 말해 지금의 돌 시공 방법이 별로 마음에 들지 않아서이다.

    사실 19세기 이전에는 지금과는 다른 방법으로 돌을 사용해 왔다. 돌은 기본적으로 하나씩 쌓아 올리는 재료였다. 이 시공 방법을 조적조(masonry)라고 하며, 서구에서 건축 시공 방법의 기본은 바로 조적조였다. 물론 돌을 구하기 어려운 곳에서는 벽돌을 사용하는 예(네덜란드 등)가 있기는 하지만, 하나하나의 조각들을 사람 손으로 쌓아 올리는 기본 동작은 다르지 않다. 역사를 거슬러 올라가면, 이집트의 피라미드도 돌을 쌓아 올려서 만든 것이며, 이집트, 그리스, 로마, 중세, 르네상스시대의 시공 방법 역시 마찬가지이다. 조적조가 건축의 중심이 된 긴 역사가 펼쳐진다.

사회의 OS로서의 건축

◉

시공 방법은 단지 공사의 기술만을 이야기하는 것은 아니다. 그 문화와 문명의 핵심, 요즘 말로 표현하자면, 사회의 OS(operating system)라고 할 수 있다. 어쩌면 이러한 단순한 사실을 말하고 싶어서 이 책을 쓰고 있는지도 모르겠다. 어떤 OS(예를 들어, 윈도 혹은 리눅스)를 사용하느냐에 따라 거기에 맞는 소프트웨어가 깔리고 시스템이 구동된다. 그것과 마찬가지로 건축에서 시공 방법 역시 결정적인 역할을 담당해 왔다. 왜냐하면 건축은 사람과 환경을 연결하는 존재이기 때문이다. 인간이라는 나약하고 작은 존재가 외부에 존재하는 커다랗고 거친 환경이라는, 정체를 알 수 없는 상대를 만나 건축을 통해서 자연스럽게 연결되어 왔기 때문이다. 여기에서 건축이 어떻게 자연과 인간을 친구로 만들었는지, 인간과 환경을 어떻게 연결시켜 온 것인지에 대한 의문이 생긴다. 다시 말하면, 문화의 본질은 무엇인지, 문명이라고 하는 것은 원래 무엇이었는지 하는 의문이다. 그러나 이 의문들은 결국 같은 것이다. 그리고 이에 대한 해답이 바로 건축이 아닐까 하고 나는 생각한다.

이런 이야기를 하면, 누군가는 건축이 사회의 OS였다는 사실은 이미 옛날 이야기이며, 현재의 건축은 컴퓨터 OS에

의해 변하고 있다고 이야기할 것 같다. 그러나 나는 그렇게
생각하지 않는다. 사람이 신체라고 하는 구체적인 물질을
계속해서 지니는 한, 건축은 OS로서 계속 기능할 것이다. 물론
그 OS는 다양한 모습을 가지고 있으며, 옷이나 구두처럼 극소의
인터페이스로 신체와 환경을 연결하려 할런지는 모르겠지만,
그래도 건축이라는 OS가 의미를 잃어버리지는 않을 것이다.
이 OS를 우습게 생각하면, 신체는 설 장소를 잃게 되어 지탱하기
어렵다. 불안정하게 공중에 떠 있을 수밖에 없다. 그런 의미에서
『아기 돼지 삼형제』와 같은 이야기는 시대를 초월한 설득력을
가지고 있다. 아기 돼지가 어떠한 물질을 가지고 환경과 신체를
연결시킬까라고 하는 것은 아기 돼지의 본질과 관계가 있다.
보다 정확하게 말하자면, 집을 구성하는 물질이야말로
아기 돼지 삼형제의 본질 그 자체인 것이다.

돌 문명

⊙

건축에서 OS에는 어떤 것들이 있었을까? 과연 있기는 한 것일까? 서구에서는 돌을 쌓아 올리는 것이 인간과 환경을 연결시키는 일종의 사회이자 문명이었다. 그래서 돌을 쌓아 올리는 시공 방법 자체에 다양한 관점을 갖고 있다. 하나는, 돌이라고 하는 무겁고 단단한 소재를 쌓아 올리는 것, 그렇게 해서 견고한 벽을 만들고, 그 벽을 매개로 인간과 환경을 연결시키려고 했다는 것이다.

또 하나는, 돌이 인간의 손에 의해 하나씩 쌓아 올려진다는 것이다. 사람 손으로 정성껏 하나씩 쌓아 올린다. 돌 벽은 마치 돌과 같이 견고하면서도 한편으로는 인간적인 존재인 사람의 손과 직결된 존재이다.

콘크리트의 견고성과 비교해서 돌 벽을 다시 한번 생각해 보자. 돌 벽에는 하나하나 돌의 단위가 보인다. 인간이라고 하는 약한 주체가 하나씩 쌓아 올려서, 돌은 처음으로 건축이라는 전체가 된다. 물론 결정적인 제약 조건이 있다. 바로 단위의 크기가 작다는 것이다. 왜냐하면 사람이 다룰 수 있는 돌의 크기는 정해져 있어 지나치게 커다란 돌을 다루는 것은 불가능하다. 이렇듯 인간적인 단위가 있기 때문에, 아무리 커다란

건축이라도 커다란 전체와 우리들 사이에는 돌이라고 하는
단위의 크기가 중간 매개체로서의 역할을 해 주고 있다. 그래서
얼마든지 커다란 전체를 앞에 두어도 전체의 크기나 형태를
판단할 수 있는 기회가 주어져서 공포감을 덜 느끼게 된다.
거꾸로 말하면, 콘크리트의 차가운 무표정 속에는 단위의 연속이
존재하지 않는 무한한 연결이 존재한다. 뭔가 마음이 가는
인간적인 구석이 없는 것이다. 앞서 말했듯이, 조적조는
수수하고 무거운 벽이며 동시에 입자라는 측면을 가지고 있지만,
콘크리트는 입자라는 측면이 없다. 게다가 이 단위의 실체는 서구
세계에 수학적 사고를 발달하게 한 요인이 된다. 최소한의 기본
단위가 없으면 수학은 성립하지 않는다. 단위로서 어떠한 기준을
설정해야 하는지, 즉 돌을 어느 정도 크기로 잘라서 어떻게 쌓아
올려야 강하고 아름다운 전체가 되는지 생각하게 했다.
결국 이러한 시행착오는 그리스의 수학적 사고법이 발달할 수
있었던 열쇠가 되었다.

건축에만 국한된 것이 아니다. 그리스의 모든 예술은
비례가 기본이 되었다. 조적조라는 방법론이 이렇게 생각하는
방법을 만들어 주었고, 이러한 생각은 나중에 서구의 모든 미술을
지배하게 된다.

이렇듯 '단위'를 기본으로 혹은 하나의 '입자'를 기본으로

벽은 강하고 아름답게 쌓여져 갔다. 어디까지나 인간의 손으로 쌓아 올린 돌 벽은, 부수거나 수리할 때도 또 다시 인간의 손으로 기본적인 '단위'로 분해할 수 있다. 물론 레고와 같이 간단하게 부수는 것은 어렵지만, 콘크리트를 부수는 것과는 전혀 다른 것이다.

서구 건축의 견고함은 한편으로는 인간적인 본질을 가지고, 인간 신체의 한계에 의해 제약될 수밖에는 없었다. 적어도 콘크리트가 출현하는 19세기까지는 말이다.

20세기가 되면서 조적조와 같은 사회 시스템은 완전히 파괴된다. 그 원흉은 콘크리트였다. 콘크리트는 돌처럼 혹은 돌 이상으로 견고했다. 그리고 견고하다는 이유로 세상을 지배했다. 콘크리트에는 조적조가 가지고 있는 인간적인 단위, 인간과의 관계성이 결여되어 있었다. 새롭게 출현한 콘크리트는 어떠한 형태로도 조형이 가능했다. 콘크리트의 견고한 구조체 위에 화장을 하듯이 무언가를 붙이는 방법이 사용되었고, 이것이 20세기의 일반적인 건축 시공 방법이 되었다. 그리고 건축주의 재력과 권위를 보여 주고 싶을 때, 돌이 화장품처럼 건축에 붙여졌다.

그럴 때 돌의 두께는 2센티미터 정도로도 충분했다. 2센티미터 안쪽을 투시할 수 있는 시력을 가진 인간은 2센티미터 안쪽을 밖과는 다르게 만들어도 상관없다. 세상은 어차피 바깥면만 존재할 뿐이다. 이 시공 방법의 배후에는 인간에게는 표면만 보는 세계관이 존재하고 있다는 전제가 깔려 있다. 나는 사람을 바보 취급하는 것과 같은 현대의 돌 시공 방법이 마음에 들지 않았다. 결국에는 돌이라는 소재마저 싫어하게 되어서 그것을 건축에 사용하려고 했던 적이 한번도 없었다.

아시노석으로 된 쌀 창고

⊙

도치기현에 있는 나스마치(那須町)라는 지역, 그 안에서도 아시노(芦野)라는 마을의 '돌 미술관' 설계를 의뢰 받았을 때 솔직하게 이런 기분이었다.

'돌…… 돌로 내가 할 수 있는 일이 무엇이 있을까?' 막연하고 막막한 기분으로 신칸센을 타고 나스시오바라(那須塩原) 역으로 향했다. 역에서 내려서 40분 정도 차로 달려야 도착할 수 있는 곳이 아시노였다. 아시노는 나스 지역의 이미지인 '고원의 리조트'와는 전혀 다른 장소에 있었다. 나스는 이른바 고원에서 내려온 서쪽 한켠이지만, 아시노는 오슈카이도(奥州街道)라는 도로변에 위치하고 있다. 숙박할 수 있는 장소가 많았던 곳으로, 옛날에는 이곳이야말로 마을의 중심이었고, 활기찬 장소였다고 한다. 에도시대 하이쿠 작가인 마쓰오 바쇼(松尾芭蕉)도 오쿠노 호소미치(奥の細道) 여행 도중에 이 지역에 들러서 '논에 심은 버드나무는 유람하는 수양버들일까?(田一枚植えて立ち去る柳かな)'라는 경구를 남겼다. 이 경구에서 읊어졌다고 전해지는 '유람하는 수양버들'이라는 이름의 거대한 수양버들과 시를 새겨 놓은 비석이 밭 한가운데에 떡 하니 서 있기는 하지만, 지난 날의 숙소가 대부분 사라져 버린

거리 풍경은 쓸쓸하기만 했다.

고객인 시로이(白井) 씨는 이 지역에서 작은 회사를 경영하고 있었다. 아시노석(芦野石)이라고 불리는 잿빛의 안산암(安山岩)을 채석하는 산을 소유하고 있었다. 거기서 채석한 돌을 건축재나 비석으로 가공해 판매하고 있었지만, 원래는 도쿄농업대학에서 조경을 공부했기 때문에 건축 디자인에도 많은 관심을 가지고 있었고, 그래서 나에게 건축을 부탁하게 된 것이다.

그에게 이끌려 간 곳은, 옛날 여관 자리에서 조금 떨어진 낡고 오래된 돌로 된 창고 건물이었다. 다이쇼(大正)시대에 지어진 창고 건물은 쌀을 보관하던 곳으로 농협(JA)이 사용해 왔는데, 시대가 바뀌면서 사용할 일이 없어 비워져 있던 것을 시로이 씨가 충동구매했다는 것이다.

충동구매할 정도면 버려져 있던 쌀 창고가 그리 비싸지 않고, 어떤 용도로 사용하려는 명분도 없다는 것을 의미한다. 자신의 산에서 채석하고 있는 돌과 같은 재질로 만들어진 쌀 창고에 단순히 홀딱 반해 버린 시로이 씨는 이곳을 조금 고쳐서 아시노석으로 만든 조각이나 공예품을 전시하면 어떨까 하고 생각했다. 그러나 이 지역산의 시멘트로 오인받을 것 같은 회색빛의 돌을(실제로 이 돌은 대리석이나 비석에 사용하는 돌처럼 고급스러운 느낌과는 거리가 먼, 정말로 밋밋한 돌이었다.) 어떻게든 많은 사람들에게

알리고 싶다는 이야기를 두런두런 나누기 시작했다.

　무거운 창고의 공기 속에서 주변이 어두워질 때까지 계속 이야기를 듣고 있었다. 그러나 '자, 그럼 이렇게 합시다.'라고 밝은 목소리로 자신 있게 대답할 수는 없었다. 아시노석은 어떻게 해도 밋밋한 돌이다. 물론 쌀 창고의 낡은 느낌이 나쁘지는 않았지만 별다른 특징이 없었다. 그것을 주제로 해 보았자, 사람들이 찾아올 만한 그 어떤 이미지도 떠오르지 않았다. 무엇보다도 나에게는 '돌'이라는 존재 자체가 커다란 문제였다. 콘크리트의 안쪽 면에 얇게 자른 돌을 화장하듯이 붙이는 20세기의 돌을 대면하는 방법이 너무나도 싫었고, 그래서 '돌'이라는 것 자체를 계속해서 피해 왔던 것이다. "음…… 조금 생각해 보겠습니다…….".라는 애매한 대답만 남기고 어두워진 얼굴로 도쿄로 돌아오고 말았다.

기묘한 의뢰

⊙

그렇지만 포기할 수는 없었다. 시로이 씨의 한마디가 계속해서 마음에 걸렸기 때문이다. "예산은 전혀 없습니다만, 우리 가게의 석공에게 무엇이든지 시켜 주세요. 아무리 귀찮은 일이라도 정성껏 하겠습니다." 통상의 건축 현장에서 이러한 말을 듣게 될 경우는 거의 없다. 예산이 없는 현장은 얼마든지 있다. 그러나 장인에게 '뭐든지' 부탁할 수 있는 현장은 일본에서 눈을 씻고 찾아보아도 없을 것이다. 현장에서 우리들이 말하는 상대는 건설 시공 회사 직원이다. 현장 소장이라는 직함이나 주임이라는 직함이 달려 있다. 그들을 통해서 어떻게 디테일을 정할지, 어떠한 제품이나 재료를 사용할 것인지, 추가할 예산이 있는지 없는지를 상의한다. 기술적인 이야기도 예산 문제도 현장 소장과 이야기해야만 하는 것이다. 장인에게 직접 묻고 싶은 것이 있어도 건설회사를 통해서 건축을 하는 한 그들은 절대로 허락하지 않는다. "이 모서리를 조금 더 가늘게 보이고 싶은데 어떻게 할 수 없을까요?" "지금 시공되어 있는 것을 변경하고 싶은데 공사비는 올라 갑니까? 아니면 올라가지 않고 시공할 수 있을까요?" 등 직접 현장의 장인들과 솔직하게 이야기하고 싶은 것이 너무나도 많지만, 시공회사 담당자는 허락하지 않는다. "창구가 하나가 아니면 이야기에 혼선을 빚기 때문에……." 언제나 이런 이야기로 귀결되곤 한다. 창구를 하나로 하기 위해서 현장 소장과 이야기해 보아도, 이야기는 언제나 말하기 전에 이미 결정되어 있다. "지금에 와서 설계를 변경하는 것은 불가능합니다. 그래도 변경하고 싶다면 공사 기간이 한 달 정도 연장됩니다. 금액도 많이 올라가고요. 그것은 누가 책임질 건가요? 누가 비용 문제를 해결할 건가요?"

큰 공사 현장의 빡빡한 스케줄, 빡빡한 공사 예산에서는 실제로 장인과 직접 나누는 커뮤니케이션은 더욱 불가능하다. 현장과 건축가가 격리되어 있는 것이다. 현장이 시작되어 버리면 공사 계약을 체결한 당시의 도면으로 변경 없이 준공까지 계속 진행될 수밖에 없다.

공사가 시작되기 전에, 제대로 디테일을 풀어 놓지 않으면 실제로 곤란한 사안임이 분명하다. 공사가 시작되는 시점부터 건축에 관계된 사람들은 서두르지 않으면 안 되기 때문이다. 하루라도 공사가 늦어지면 금리가 얼마에, 예산에서 벗어난 추가 예산이 들고…… 12월에 오픈해서 크리스마스 대목의 판매 전쟁에서 마진을 올리지 않으면 이윤이 남지 않는다는 등, 이런 절박한 시간 제약이 존재하지 않는 프로젝트는 거의 본 적이 없다. 그것이 오늘날의 건축이 가지는 숙명이라고 할 수 있을 것이다.

이런 긴장감 속에서 현장에서 실제로 시공하는 사람들과 온 힘을 다해 함께 디테일을 풀어 나가는 것은 불가능하다. "우선 견적낼 도면을 만들어 주세요."라는 호령 아래 이제까지 사용해 온 표준 디테일을 패치워크처럼 붙여 나가면서 준공 예정일을 향해 가는 것이 오늘날의 건축 현장이다. "우선⋯⋯ 우선⋯⋯"이라고 말하면서 말이다. 공사가 시작되면 프로젝트의 진행 스피드는 더욱 가속되어, '우선'이라고 했던 것이 최종 결정이 되어 버린다. '우선'을 계속해서 반복하고, '우선'을 부르짖으면서, 어떻게해서든 준공에 늦지 않게 해서, 준공식의 축배를 들고는 취기에서 깨어날 겨를도 없이 혹은 완성을 반성할 겨를도 없이, 벌써 다른 프로젝트가 시작되어 버리는 것이 바로 오늘날 건축의 슬픈 풍경인 것이다. 그 안에서 건축가는 생생하고 두근거리는 현장과는 단 한번도 만날 기회가 없다. 커뮤니케이션을 취할 필요가 없다. 비용과 스케줄 이외에는 아무런 관심이 없는 현장 소장이 디자인과 현장을 가까스로 연결하고 있는 척 하고 있을 뿐이다. 현장의 속도와 규모가 커질수록 디자인과 현장의 거리는 점점 더 멀어질 수밖에 없다.

그런데 나스의 낡고 오래된 돌 창고 안에서 시로이 씨는 장인과 직접, 그것도 얼마든지 자유롭게 이야기하라고 한다. 비록 예산은 하나도 없지만, 언제까지 준공해야 한다는 시간적인 압박도 없고, 도면에도 공사에도 시간을 듬뿍 들여도 좋다는 것이다. 이것은 어쩌면 무언가 만들게 할런지도 모른다. 무언가 가능하게 할런지도 모른다. 도쿄의 공사 현장과는 너무나도 다른 상황이 유유자적한 아시노의 시골에 만들어질 것 같은 기분이 들었다.

장인과의 대면

◉

시로이 씨와 이야기를 나누면서 시로이 석재의 장인으로 일하는 나가쿠라(長倉) 씨, 후지사와(藤沢) 씨의 손으로만 가능한 건축물을 만들어 나가는 것으로 결정했다. 오늘날의 건축은 한마디로 말하면 조립 산업이라고 말할 수 있다. 콘크리트, 철골, 새시, 유리, 타일, 공조 등 몇 가지의 공정을 하청한다. 일정 금액으로, 어떻게 발주해서, 어떻게 작업을 하고, 어떠한 순서로 정리되고 관리될 것인가를 시공회사 현장 소장이 컨트롤하면서 실력을 발휘하는 업무이다. 이러한 일은 어쩌면 건설이라고 하기보다는 업체에 가까운 업무 내용일런지 모른다. 도면 작업이 '우선' 자른 조각들을 조립하는 것과 마찬가지인 것처럼, 공사 과정도 다시 잘게 나뉘고 조립된다. 건설업이라는 것은 우리들이 모르는 사이에 구체적인 물건을 만드는 산업이 아니라 분업화된 건설 시공의 조각조각을 조립하는 현실성 없는 산업으로 변해 가고 있다.

그러나 시로이 씨와 내가 생각했던 것은 이것과는 전혀 다른, 어쩌면 정반대의 방법이었다. 나가쿠라 씨와 후지사와 씨는 시로이 석재의 직원이기 때문에 시로이 씨의 기분으로는 공짜였던 것이다. 자신의 산에 묻혀 있는 아시노석도 실질적으로든 뭐든

간에 기분상으로는 공짜였다. 이러한 시로이 씨 주변에 있는 공짜들이 가지고 있는 힘을 결집시켜서 무엇인가 만들어 보자는 것이 나의 생각이었다. 콘크리트도, 철도, 유리도, 일단 사용하게 되면 다른 사람에게 돈을 지불하지 않으면 안 된다. '타인의 것을 가능한 사용하지 않으면서 건축물을 만들 수는 없을까? 일종의 원시적인, 너무나도 직접적인 방법일지는 모르겠지만, 그 직접성을 기본으로 건축 디자인을 하고 시공까지 한번 해 보는 것은 불가능할까?' 하고 생각하기 시작했다.

    이것이 잘만 된다면, 오늘날과 같은 '표층적인 돌'의 사용 방법에 대한 최고의 비평이 될지도 모른다. 콘크리트로 뼈대를 강하게 만들고, 거기에 얇은 돌을 붙이는 형태로 오늘날의 '돌의 건축'은 뼈와 화장으로 분할되어 왔다. 콘크리트를 담당하는 업자들은 강도를 담당하고, 돌을 담당하는 업자들은 표층, 즉 화장을 담당한다. 거기에는 분명 인간에게는 표면밖에 보이지 않는다는 조롱이 담겨 있다. 얇게 자른 2센티미터 두께의 돌이 시치미를 떼면서 부지런히 화장을 되풀이하는 것이다. 그리고 물질은 경시되고, 돌이라는 물질에 대한 존경 역시 매일 상실되어 버린다. 물질을 경시하는 것은 자연을 경시하는 것과 마찬가지라고 생각한다. 그렇게 물질을 경시하면서, 한편으로는 돌을 붙여서 고급스럽게 보일 것만을 생각한다. 돌을 붙인 맨션은 비싸게 팔릴 것이라고 생각하고, 물질의 표층만을 약삭빠르게 이용하는 것이다. 이런 현대적인 시공 방법에는 어떻게 할 수도 없는 천박함과 징그러움이 존재한다.

조적조

⊙

내가 생각한 것은 시공 과정에서 분할을 부정하는 것이었다. 그러나 그것은 단순한 전통에의 회귀는 아니다. 더욱이 '옛날이 좋았다.'는 식의 한가로운 이야기가 아니다. 디즈니랜드처럼 연출된 건축도 아니고, 맨션을 호화롭게 하기 위해서 돌을 붙인 로비도 아니다. 기본적으로는 향수와 같은 감정을 이해하고, 물질의 표층만을 훔치면서 옛날을 흉내 낸 가짜가 아닌 진짜를 저렴하고 쉽게 제공하는 것뿐이다.

물질의 본질을 되찾고, 그러면서 현 시대의 공기를 느끼게 하는 현대 건축을 만들 수 없는 것일까? 물질과 인간에 대한 존경을 회복하고, 더불어 나태한 옛것에 대한 향수에 현혹될 일이 없는 현대적인 것은 가능할까?

거기에서 주목한 것이 조적조라고 하는, 돌을 대면하는 가장 원시적인 구축 방법이었다. 돌을 인간이 가질 수 있는 적절한 크기로 자르고, 그것을 하나하나 인간의 손으로 쌓아 올려 가는 것이 조적조이다. 그 방법은 돌에 대한 논리만으로 만들어 내는 것이 아니라 인간의 시공에 대한 논리이기도 하다. 혹은 생산의 논리만으로 만들어 내는 것도 아니라 돌과 인간과의 사이에서 어떤 관계성을 쌓을 수 있는 것인지에 대한 시행착오를 거쳐 오랜 시간에 만들어진 것이다. 이집트, 그리스, 로마에서 시작되는 유럽 문명은 대부분은 조적조의 OS 위에 만들어져 왔다고 해도 과언이 아니다. 아시아나 아프리카에도 이 OS의 영향력은 커서 조적조야말로 건축 전체를 지배하는 기준이었다는 것을 한때는 아무도 의심하지 않았다. 벽돌도 또 다른 이야기를 가지고 있지만, 단위를 쌓아 올려서 만드는 조적조임에는 틀림없다. 돌도 벽돌도 사실상 그리 다른 것이 아니다.

    이런 기준을 갖고 내가 이제껏 가지고 있던 애증과 같은 상반된 감정을 구체적인 디테일로 전환하려고 생각했다. 이 OS는 '표층성'을 멀리하고, 물질에 직접적이어야 한다. 이러한 부분이 '애(愛)'이다. 그럼에도 조적조로 쌓아 올린 벽은 지나치게 무거워서 외부와 실내를 절단해 버려 현대의 유동적인 생활에 친숙하지 않다. 나는 옛날의 건축은 중후해서 좋았다고 하는 태만한 생각으로 이 귀중한 OS가 더러워지게 된 것이라고 느꼈다. 그 부분이 '증(憎)'이다. 어떻게든 이 유서 깊은 OS를 구출할 수 없을까?

투명한 돌 벽

⊙

두터운 벽에서 3분의 1 정도를 드러내어, 투명한 벽을 만든다는 발상에서부터 OS를 구출하려는 우리들의 도전은 시작되었다. 3분의 2가 남아 있으면, 구조적인 강도는 유지될 것이라는 생각은 구조 엔지니어인 나카다 가쓰오(中田捷夫) 씨와 실제로 돌을 쌓을 나가쿠라 씨, 후지사와 씨의 공통 의견이었다.

투명하게 하고 싶었던 것에는 이유가 있다. 조적조라는 OS를 몇천 년이나 계속해 온 유럽의 건축은 19세기에 새로운 전기를 맞이한다. 콘크리트와 철이라는 새로운 소재의 출현으로 거대한 개구부를 만드는 것이 가능해지고, 큰 유리 창문을 끼워 넣은 투명한 건축이 비로소 출현했기 때문이다. 투명성은 건축의 외측에 있었던 자연과 건축의 안쪽에 있었던 인간과의 거리를 단축했다. 자연을 가깝게 느끼고 싶은 감정이 건축의 투명성을 가속화하게 한 것이다. 그 결과 돌이나 벽돌은 주역의 자리에서 쫓겨나고, 그 대신 콘크리트와 철과 유리가 건축의 주요 재료가 되었다.

오늘날 이 혁명을 되돌아 보면 두 가지 측면에서 대조적이다. 투명성은 확실히 자연을 인간에게 보다 가깝게 했지만 한편 콘크리트, 철, 유리라는 무기적인 소재는 인간의 신체를 둘러싸는 안식처로서 어울릴 만한 부드러움, 따뜻함, 질감의 풍부함 등의 요소가 결여되어 있었다. 그 결핍을 보충하기 위해서 콘크리트 골격에 돌이나 나무와 같은 자연 소재를 화장하듯이 붙이는 방법이 20세기에 일반화된 것이다. 투명성은 건축에서 더없이 매력적이면서 동시에 인간과 물질이 이룩해 온 모든 아름다운 관계성을 잃어버리게 할 만큼 위험한 올가미였다.

풍부하고 부드러운 질감을 소유하는 투명성은 가능할까? 만약 그러한 것이 가능할 수 있다면, 충분히 유동적이면서 게다가 부드럽고 따뜻한 건축의 모습일 것이다. 그것이야말로 현 시대가 요구하는 건축이 아닐까. 돌 미술관에서 내가 한 도전은 그렇게 요약할 수 있다. 도쿄에서 멀리 떨어진 곳이고, 게다가 한정된 예산밖에 없고, 공적인 보조도 일체 기대할 수 없는 이 가난한 프로젝트는 어울리지 않을 만큼의 큰 뜻을 품어 버린 것이다.

3분의 1의 돌을 빼 내는 것만으로도 무거웠던 벽은 갑자기 경쾌하게 느껴졌다.[14] 먼지투성이가 되어서 잠자고 있었던 OS가 구멍을 비우는 도발을 통해 돌연 눈을 뜬 것 같았고, 오히려 내가 움찔해 빼 버릴 것 같은 느낌이 들었다. 구멍에서 부드럽게 빛이 들어오는 것뿐만 아니라 생각 이상으로 바람도 잘 통해서 상쾌했다. 예산의 제약도 있었고, 사용하는 에너지도

14. 돌 미술관, 돌을 빼서 쌓아 올린 조적조에 얇은 대리석을 끼워 넣은 디테일

15. 돌 미술관, 돌 격자 디테일

최소로 하고 싶었기 때문에 공조 기계는 가능한 한 사용하지 않았다. 구멍은 막지 않고 그대로 두어 바람이 통하도록 했다. 꼭 막고 싶은 장소에는 유리 대신에 6밀리미터 두께로 얇게 자른 대리석을 끼워 넣었다. 유리는 유리 가게에서 재료를 일부러 사 오지 않으면 안 되었지만, 대리석의 파편이라면 시로이 씨의 돌 공장 폐기장의 한 구석에서 얼마든지 얻을 수 있었기 때문이다. 얇은 대리석을 투명하게 투과하는 빛은 미닫이에 붙인 한지를 통과하는 빛처럼 은은했지만, 사실 이 기법은 유리가 아직 고가였던 고대 로마시대의 목욕탕 창문에 이용되는 것이었다. 극동의 작은 마을에서 이루어진 자그마한 프로젝트가 고대 로마의 크고 호화스러운 건축과 동일한 디테일을 공유하는 것 자체도 큰 기쁨이었다.

돌 격자

◉

3분의 1 조각의 돌을 빼 내는 방법으로 조적조를 투명하게 할 실마리가 보일 즈음, 그것보다 더 투명한 돌 벽에 도전해 보고 싶어졌다. '돌로 격자를 만들 수는 없을까?' 우선 작은 소리로 나가쿠라 씨에게 중얼대 보았다. 작은 소리로 말한 데에는, 솔직하게 말하자면 자신이 없었기 때문이다. 격자라고 하면 나무나 금속으로 만드는 것이 당연해서 돌로 만든 격자 디테일은 지금까지 어디서도 본 적이 없기 때문이다. "농담하면 곤란해요."라는 차가운 답변이 돌아오면, 바로 제안을 취소하려고 생각했다. 그런데 예상 밖으로 "문제 없어요."라는 밝은 답변이 들려왔다.

돌은 어느 정도의 굵기에서 어느 정도의 길이로 자르는 것이 적절할까? 돌을 앞에 두고 모두 모여서 논의했다. 빈틈없는 도면을 만들고 나서 "이 디테일이 가능할까요?"와 같은 새삼스러운 질문을 하면 시간은 시간대로 걸리고 듣는 사람도 부담스러워서 생산적인 논의로는 전개되지 않는다. 얼굴과 얼굴을 맞대고 끝이 뭉그러진 연필로 눈앞의 연습장에 서로 스케치를 그려 가면서 이야기하는 방법이 사실은 가장 효율적이다. 그 결과 우리들이 내린 결론은

4센티미터×15센티미터의 단면 형상에 길이가 1.5미터인 막대기 같은 돌로 격자를 만들자고 하는 것이었다.[15] 그 치수라면 철판으로 만든 보강재를 넣지 않아도, 돌만으로도 나무의 격자와 같이 경쾌한 느낌을 만들 수 있을 것 같았다. "그럼, 만들어 볼까." 곧 나가쿠라 씨 일행은 공장(그렇다고 하더라도 사실은 시로이 씨의 자택 정원이지만)에서 목업(mock-up)을 제작하기 시작했다.

목업을 통한 검증

⊙

　목업은 실제와 같은 재료로 실물과 같은 치수를 적용해서 모형을 만드는 것을 말한다. 완성된 건축물을 확인하기 위한 최종 수단으로 건축사무소에서는 실제로 많은 목업을 만든다. 목업이 실제로 만들어지면 어떤 느낌으로 완성될 것인지를 확인하는 수단은 여러 가지가 있다. 오늘날 가장 일반적인 방식은 컴퓨터로 3차원 투시도를 그리는 방법이다. 미묘한 텍스처를 재현하는 기술이나 빛을 넣는 방법에 관한 기술이 발전해 현실과 가깝게 표현해 낼 수가 있다. 그러나 무엇인가 부족하다. 그럴 때에 다음 단계로 모형을 만든다. 예쁘게 만들 필요는 없으며 리얼한 텍스처가 붙어 있을 필요도 없다. 다만 3차원의 실체와 같은 물체가 있다는 것만으로 보는 사람이 자기 자신의 신체를 거기에 대입해서 생각할 수 있다. 그 모형 속의 길을 걸어 다니면서 건축의 형태를 확인하는 기분도 든다. 건축물의 안에 들어가 하늘을 우러러보거나 창문으로 정원을 바라보고 있는 기분을 쉽게 상상할 수 있다. 2차원의 컴퓨터 그래픽의 경우에는 아무리 잘 그려도 공간에 자신을 몰입해 갈 수 없다. 살아 있는 사람을 대입하는 것이 불가능하다.

　그래도 아직 불안하다. 모형에는 뭔가 결정적인 것이 결여되어

있는 듯한 느낌이 들었다. 모형으로는 건축 형태를 확인할
수는 있지만, 건축의 '물질'은 확인할 수 없기 때문이다. 같은
형태를 하고 있어도 그것이 돌로 되어 있는 것인가, 나무로 되어
있는 것인가에 따라 공간에 대한 인상이 전혀 다르게 느껴진다.
나무라고 해도 삼목, 소나무, 노송나무 등 여러 가지가 있는
셈이고, 세로, 가로로 사용할 경우와 판재로 사용하는지, 목면이
보이는 단면을 90도로 잘랐는지, 면을 쳐내서 도려낸 것인지에
따라 물질이 인간에게 전하는 인상은 전혀 다르다.

    이러한 것과 가장 닮은 분야는 요리일 것이다. 건축에서
돌로 할까 나무로 할까 고민하는 것은, 요리로 말하면 고기로
할까 채소로 할까 식의 고민이다. 어쩌면 이 고민은 전혀 다른
선택이다. 그런데 오늘날 건설업계에서는 보통 '우선 견적과
도면부터 보자.'라고 호령하고 '우선'이라는 말을 선행한다.
그리고 이렇게 일이 진행되면 '어떤 고기로 할까? 어떤 채소로
할까?' 등의 세세한 사항을 도면으로 지정할 수 있는 여유는
주어지지 않는다. 우선 고기로 할까? 채소로 할까? 이 정도만
간단하게 도면에 써 두고 견적서를 만들고 나면, 현장은
시작되어 버리는 것이다. 막상 현장이 시작되고 나서 건축가가
"고급 돈육을 사용하는 것은 어떨까?"라고 말을 꺼내기라도
하면, 아까 말했듯이 "공사 비용은 어떻게 하나요? 공사 기간이

늦어지는 것은 어떻게 할까요? 책임지실 겁니까?"라는 현장 소장의 한마디에, 부득이하게 냉동한 고기를 대충 데워서 먹을 수밖에 없는 것이다. '우선'이라고 말하면서 대충 데워 먹는 냉동 고기와 같은 선택의 범위밖에는 존재하지 않는 것이다.

    대충 데운 고기처럼 건축에서도 길이나 자연이 억지로 끼워 맞춰지는 것과 같은 비극적 사태를 피하려고 한다면, 설계가 시작된 뒤에 가능한 한 빠른 시기에 목업을 만들기 시작하지 않으면 안 된다. 보통의 설계 과정은 우선 건물의 배치를 결정하고, 평면을 결정하고, 단면을 결정하고, 구조 계산을 시작하고, 공기 조절, 급배수 등의 설비 설계가 시작된다. 최후의 최후에 마무리 재료가 '고기로 할까? 채소로 할까?'라는 식으로 재료 마감이 결정된다. 그때는 시간이 없어서 스케줄과 격투하느라 머리가 새하얗게 셀 정도로 바쁠 때이기 때문에 그때는 '고기로 할까? 채소로 할까?'를 정하는 것만으로도 벅차다. 그때 가서는 목업을 꼼꼼히 만들어 볼 시간 따위는 없다. 대체로 목업을 통해 재료를 검증할 시간적 여유를 갖는 프로젝트는 없다. 그 결과 미지근한 선택의 범위 안에서 도시의 비극은 가속화된다.

디테일과의 대화

⊙

'우선'이라는 시스템을 피하기 위해서 순서를 바꾸어 보는 것은 어떨까 하고 생각해 보았다. 설계를 시작할 때, 즉 건축물의 배치를 생각함과 동시에 이 건축물에는 어떤 물질에 어떤 디테일을 주어서 만들면 좋을지 목업을 사용해서 구체적으로 공부하는 것이 내가 선택한 방식이었다. 물론 단번에 결정되지는 않는다. 실제의 재료로 같은 크기를 적용해서 꼼꼼히 만들어 보면 여러 가지를 발견하게 된다. '어어, 돌로 만들면 이런 느낌이 되어 버리는구나…….' '정말로 이것으로 도면처럼 되는 건지…….'와 같은 놀라움의 연속이다. 같은 물질이라도 디테일이 조금이라도 다르면 인상이 전혀 달라진다. 같은 디테일이라도 돌의 종류가 조금 다른 것만으로 결국엔 전혀 다른 것으로 느껴진다. 물질은 살아서 숨 쉬는 생물과 같다. 우리들은 연약한 생물이므로 물질이 가지는 미묘한 차이에 대하여 과민하게 반응하게 되는 것이다. 명확한 것은 생물인 우리들은 목업이라고 하는, 존재하는 대상을 앞에 두고 처음으로 반응하기 시작한다는 사실이다. 신체는 도면에 대해서는 반응하지 않는다. 그러므로 설계를 시작하면 먼저 목업과의 대화를 시작하지 않으면 안 된다.

농밀한 신체와 물건과의 대화 속에서 천천히 평면, 단면 배치 계획을 시작한다. 나무로 만든 건축일 때의 평면 계획과, 콘크리트로 만든 건축일 때의 평면 계획이 완전히 달라도 이상하지 않다. 오히려 다르지 않은 것이 이상할 정도이다. 평면이 처음에 결정되고, 마지막에 재료가 결정되는 일반적인 설계의 순서에서 물질은 전혀 떠오르지 않는다. 우선 몸으로 물질을 마주하고, 그 다음에 손과 머리를 사용해서 생각하기 시작하지 않으면 안 된다. 모든 것은 물질이라는 구체적이고 살아 있는 것에서 시작되는 것이다.

　이와 같은 이유로 돌 미술관에서도 돌 격자의 목업을 만들기 시작했다. 나무 격자의 경우에는 나무 막대기 같은 것에 다른 나무 막대기를 바로 붙일 수 있지만, 돌로 된 격자는 과연 무엇으로 어떻게 붙이면 좋을까? 나가쿠라 씨 일행의 아이디어에서는 전혀 상상도 해 보지 않은 것이었다. "돌의 기둥을 만들고 거기에 끼워 두면 어떨까?" "끼운다고 말했지만, 과연 어떻게?" "기둥에 홈을 파고 거기에 끼워 넣으면 가능하지 않을까?"

　그렇게 중얼대면서 나가쿠라 씨 일행은 기둥 형태의 가늘고 긴 돌에다가 끌만을 사용해서 기적과 같은 솜씨를 발휘하기 시작했다. 드디어 예쁘게 홈을 내었고, 거기에 돌 막대기를 끼워

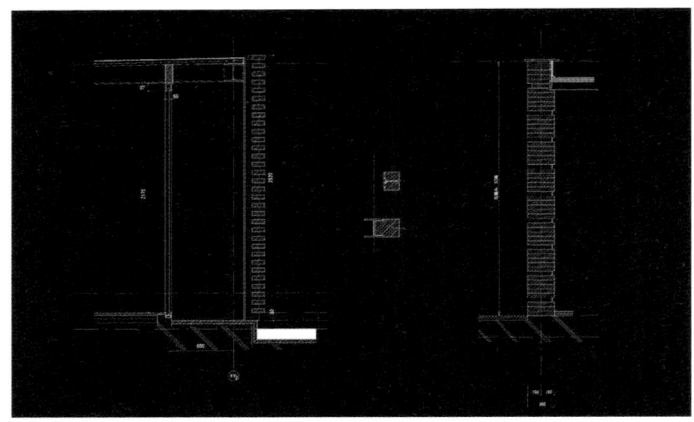

16. 돌 미술관, 돌 격자 횡단면 상세도

넣기 시작했다. 4센티미터×15센티미터의 단면 형상의 돌 막대를 끼워 넣어 가면서 순식간에 훌륭하고 섬세한 돌 격자를 만들어 내었다. '그러나 이 기둥은 높이가 3미터가 되는 것이기 때문에 지진이 오면 갈라질지도 모르겠구나.' 이번에는 내가 생각할 차례였다. '그렇다면 H형강 기둥을 우선 세우고, 돌 기둥을 끼워 넣으면 좋지 않을까?'(H형강은 단면이 H 글자의 형태를 한 철의 기둥이다.) '부목(받침대) 같은 느낌이 들지도 모르겠고…….' 이런 의견 교환을 되풀이하면서 눈앞에서 목업을 만들어 가기 시작했다.[16]

'투명한 조적조' '돌 격자'라는 두 가지의 기본 디테일은 나가쿠라 씨 일행과 이런 과정을 거쳐서 만들어 낸 것이다. 돌과 같이 무거운 소재를 사용하더라도 꼭 투명성을 실현해야겠다는 목표가 세워진 이후에, 처음으로 배치 계획에 제동이 걸렸다. 대지에는 다이쇼시대에 건설한 3개의 돌로 만든 쌀 창고가 남아 있었다. 쌀 창고를 잘 보존하면서 투명한 돌 벽을 무거운 상자 사이에 삽입해 가서, 헌것과 새것이 서로 조화를 이루게 되어 유기적으로 결합하지 않을까 하는 것이 나의 계획이었다.[17]

낡은 창고의 보존 프로젝트의 경우, 건축가가 자주 사용하는 디자인 방법은 유리나 철과 같은 현대적인 소재와 낡은 건축을 조화시키는 방법이다. 이 방식은 신구의 대비가 지나치게 심하다고 느끼고 있었다. 20세기의 건축가는 콘트라스트를 좋아해서 콘트라스트에 의해 자기 자신의 '새로움'을 주장하려고 하는 경향이 있다. 나는 이번의 경우, 콘트라스트가 아니라 그러데이션으로 하고 싶었다. 목업에서 확인한 '투명한 돌 벽'이라는 방법으로 조합해 나가면서, 낡은 창고와 새로운 디테일의 투명한 벽도 어느 쪽이나 아시노석 같은 소재의 돌로 만들면, 신구가 날카로운 콘트라스트를 만드는 것이 아니라 낡은 것에서 새것으로, 혹은 새것에서 낡은 것으로 서서히 여유로운 변화를 만들어 낼 수 있을 것이라 생각했다.[18] 사실 그것은 옛것으로부터 새것으로의 그러데이션임과 동시에

17. 돌 미술관 전경

18. 돌 미술관 벽의 그러데이션

무거운 것에서부터 가벼운 것으로의 그러데이션이며, 어둠에서 밝음으로의 그러데이션이기도 했다. 콘트라스트라는 폭력적인 방법 대신 그러데이션이라는 온화한 방법을 이용한 것이다. 그래픽 디자이너인 하라 켄야(原研哉)는 나의 건축을 소수점의 건축이라고 말한 적이 있다. 0과 1 혹은 1 다음이 2가 되어 버리는 건축이 아니고, 1.2376…… 같은 건축을 만들려 하고 있는 것 같다고 나의 건축을 읽어 주었다. 그 그러데이션의 수법을 구사하면, 이 프로젝트의 외관은 아시노 마을의 조금은 유유자적하고, 조금 수수한 환경과 완만하게 연결하는 존재가 될런지도 모른다. 대비는 결국 환경을 파괴한다. 그러데이션은 환경을 수복한다. 나는 그렇게 생각했다.

절단의 수복

⊙

이 방법이 이곳에서 성공한다면, 그러데이션 수법으로 모더니즘 건축 디자인의 기본 언어인 '절단'을 뛰어넘을 수 있지는 않을까? 그러자 머릿속에서 많은 생각들이 떠오르기 시작했다. 인습적이고 예스러운 전통적인 디자인을 부정하는 것이 20세기 초 모더니즘의 지상 과제였다. 그 때문에 모더니즘은 모든 것에 있어서의 '절단'을 중요시하고, 절단에 의해 태어나는 날카로운 단면을 무엇보다도 소중히 여겼다. 전형적인 예로 르 코르뷔지에가 제창한 필로티(piloti)라는 수법을 들 수 있다. 가느다란 기둥으로 건축물을 대지로부터 들어 올리고 환경으로부터 절단시킨 희고 빛나고 부유하는 오브제를 만드는 것이 그의 디자인 목표였다.[19] 절단은 '작가'라는 개념과도 상응하고 있다. 오브제가 환경에서 분절되어 있으면 있는 만큼 오브제를 디자인한 '작가'는 강하게 돌출되기 마련이다. 그의 대표작인 '사보아 저택'처럼 하나의 아름다운 오브제가 부유하고 있는 모습은 정말로 아름다울지 모른다. 그러나 이른바 '작가'라는 존재가 '절단'을 시도하면, 환경은 도대체 어떻게 되어 버리는 것일까? 그야말로 환경은 조각조각으로 잘라지게 되는 것이다. 그것이 20세기 말의 지구를 뒤덮은

19. 르 코르뷔지에 / 사보아 저택 / 1931

상황이었다.

    그러데이션은 절단되어서 잘게 갈라진 환경을 수복하기 위해서 어쩌면 또 하나의 도움이 될지도 모른다. 돌의 격자는 그러한 커다란 목적과 관련이 있다. 그렇게 되면 돌 격자의 디테일에도 신경을 써야 한다. 이 격자가 잘만 된다면 단절된 환경을 되찾는 길이 열릴지도 모른다. 사실 이렇게 이야기하고는 있지만 저예산이라는 제약 조건이 없었으면 그러데이션이라는 발상에는 도달하지 않았을 것이다. 고가인 유리를 많이 사용하고, 투명한 유리 벽과 돌을 조합시켜서 아름다운 콘트라스트를 만드는 유혹에 쉽게 굴복하고 말았을지도 모른다. 예산이 적기 때문에 다른 공정 과정은 생각하지도 않고, 자신이 가지고 있는 아시노석과 자신의 공장과 장인을 공짜로 이용하는 것만으로 어떻게든 하고 싶은 시로이 씨의 혼잣말 같은 바람이 그러데이션이라는 수법을 낳은 것이다. 그러데이션으로 절단을 수복하는 또 다른 국면으로의 전개를 낳은 것이다.

제약은 또 하나의 어머니이다. 제약으로부터 모든 것이 생긴다. 그리고 자연은 제약의 또 다른 별칭이다.

———————————————————————————————

구멍이 있기 때문에 물질의 깊이를 느낄 수 있다.
구멍이 있기 때문에 물질이 컴퓨터로 스캔 가능한 텍스처로부터 전환하여
전송 불가능한 고유성으로 존재하는 것이다.
즉 존재 그 자체로 전환된다.
물질을 텍스처로부터 존재시키기 위해서 구멍은 존재한다.
격자나 루버, 스크래치 타일이 구멍을 만든다.

3 — 좃쿠라 광장

대지에 녹아드는 건축

20. 촛쿠라 광장 / 2006

◉

　계기가 되었던 것은 바로 '돌 미술관'이었다.
다카네자와마치(高根沢町)는 우쓰노미야(宇都宮)의 북쪽에서도
한참을 옆쪽에 위치한 곳으로, '돌 미술관'이 있는 아시노의
마을에서는 그리 멀지 않은 곳이다. 다카네자와 마을 대표인
다카하시(高橋) 씨가 '돌 미술관'을 방문하게 되었는데,
그 분위기가 마음에 들었는지 자신의 도시인 호샤쿠지(寶積寺) 역
앞에도 낡은 돌 창고가 있으니, 같은 유형으로 설계해 줄 수는
없냐는 이야기를 내게 늘어놓았다.

　호샤쿠지 역 동쪽에는 돌 창고 3개가 서 있었다. 그런데 동쪽
입구가 문제였다. 동쪽은 원래 동북선 선로가 있는 곳이었다.
이곳은 서풍이 매우 강하게 불어 증기기관차가 사용되었을 때는
연기가 온통 동쪽을 향해서 흘러 버렸다. 그 결과 역의 동쪽
입구에는 사람이 그다지 살지 않게 되었다. 그래서 역의 정면이
자연스럽게 서쪽으로 결정되었고, 동쪽은 뒷전으로 물러나게
되었다. 호샤쿠지 역 동쪽은 패쇄되어 있었고, 돌 창고 3개 역시
방치되어 있었다. 다카하시 씨는 기관차를 사용하지 않게 되자
동쪽을 어떻게든 활용하려는 생각이었다.

대곡석 창고

⊙

　돌 창고는 대곡석(大谷石)을 쌓아서 만든 것이었다. 도치기현은 돌 창고의 본고장이라고 해도 좋을 만큼 돌로 만든 창고가 많았다. 게다가 '우쓰노미야 하면 대곡석' '나스 하면 아시노석'이라고 말하는 것처럼, 이 두 가지 돌의 성격은 선명하게 구분되었다. 다카네자와의 대곡석 창고에 들어가자 순식간에 공기가 바뀌었다. 어둠 속에서 풍화한 대곡석의 표면을 가만히 들여다보고 있는 동안에, 한 사람의 얼굴이 떠올랐다. 바로 프랭크 로이드 라이트였다. 그가 구(舊) 데이코쿠호텔[21]의 설계를 맡았을 때, 그는 대곡석을 건축 재료로 선택했다. 왜 그는 대곡석을 선택하게 된 것일까? 이렇게 말하면 어폐가 있지만 대곡석은 사실 건축 소재로 그다지 평가받을 만한 돌은 아니었다. 오히려 건축 소재로서는 결점투성이었다. 표면에는 작은 구멍이 무수하게 많이 뚫려서 구멍 사이로 더럽혀지기 쉽고, 너무나도 부드러워 돌이라고 하기에는 지독하게 약해 모서리가 깨지기 쉽다. 그 위에는 흙이 그대로 남아 버린 것 같은, 흔히들 된장이 붙어 있는 것 같다는 말이 생길 정도로 다갈색의 얼룩이 흩어져 있다. 데이코쿠호텔의 설계를 시작할 즈음, 라이트는 일본에서 채석할 수 있는 돌을 수집해서 바닥 위에 늘어놓게 했다.

21. 프랭크 로이드 라이트 / 구 데이코쿠호텔 / 1922

강도가 있는 화강암도, 아름다운 패턴이 들어간 대리석도 아니고,
그가 많은 돌 중에서 하필이면 이 '기묘한 돌'을 선택했을 때,
그 자리에 있었던 사람들은 한결같이 곤혹스러워 했다.
왜 하필이면 구멍투성이인 약한 돌을 선택한 것일까?

  사실은 그 구멍에 비밀이 있었다. 그가 디자인한
데이코쿠호텔의 외벽은 주로 돌과 타일의 조합으로 만들어졌다.
도코나메(常滑)의 공장에서 사용된 갈색의 타일을 구울 때에도
그는 타일에 무수한 세로 방향의 홈을 새기게 했다. 사실
이 세로선은 또 하나의 구멍이다. 닦아 놓은 것처럼 평활한

표면을 가진 타일을 보고, 그는 지나치게 강하다고 느꼈다.
사실 나도 이러한 생각에 동의한다. 특히 대곡석의 약하고 무른
특징과 같이 놓고 생각해 보았을 때에 타일의 매끈매끈한 표면은
지나치게 단단하고 지나치게 강하다. 구멍은 물질을 약하게 하고,
부드럽게 하고, 환경과 물질을 하나로 녹여 버리는 것과 같은
움직임을 만든다.

게다가 데이코쿠호텔의 세로선은 형틀에 넣어서 찍어
내는 방법으로 만들어진 것이 아니라 못과 같이 뾰족한 것을
사용해서 굽기 전의 연한 상태의 타일에 실제로 스크래치를
내서 만든 것이다. 하나하나의 줄무늬가 미묘하게 들쭉날쭉
그어져 있어서 한층 더 환경과 자연스럽게 어울린다. 지나치게
예쁘게 만들어서는 안 된다. 들쭉날쭉한 편차가 건축과 자연을
연결시킨다.

라이트는 '오가닉(유기적인 건축)'을 외쳤다. 공중으로 길게
튀어 나온 차양으로 실내와 실외를 하나로 느껴지게 만드는
방법이 라이트의 유기적 건축의 커다란 특징이라고들 한다.
그는 르 코르뷔지에 류의 콘크리트 박스의 무기성을 비판하고,
그 대신에 깊은 그림자를 만들어 내는 아름다운 차양을
디자인했다. 차양이 만들어 내는 그림자 아래에서 외부와 내부가
하나가 된다. 그는 건축을 구성하는 더욱 작은 스케일을

이용하는 것으로 건축과 자연이 서로 조화롭게 녹아드는 방법을 찾았다. 물질과 공기가 서로 조화를 이루면서 섞여 가는 방법을 추구한 것이다.

스크래치 타일

◉

세로 줄무늬의 '구멍'이 생긴 타일은 스크래치 타일이라고 불리는데, 혼고(本鄕)에 있는 도쿄대학 건축물의 외벽에도 많은 양이 사용되었다.[22] 라이트의 구 데이코쿠호텔이 완성된 직후에 관동 대지진이 이곳을 강타했다. 그때 모든 것이 파괴되어 버린 도시 속에서 데이코쿠호텔은 꿈쩍도 하지 않았다. 이 이야기는 매우 유명하지만, 관동 대지진 직후의 건축업계가 자재 부족으로 커다란 혼란에 빠졌다는 사실에는 별로 주목하지 않는다. 도쿄대학 캠퍼스의 설계자 우치다 쇼조(內田祥三)는 이러한 상황에서 같은 재질의 타일이 공급되는 것이 어렵다는 사실을 알게 되었다. 그러한 그에게 아이디어가 떠올랐다. 라이트 류의 스크래치 타일을 사용하면 색이 가지런하지 않은 타일이라도 신기하게 어울려 보인다는 것이다. 이 사실을 발견하고는 도쿄대학 캠퍼스를 스크래치 타일로 덮어 버렸다.

꼼꼼히 살펴보면, 도쿄대학 외벽에 사용된 스크래치 타일의 색은 놀라울 정도로 가지각색이어서 오히려 활기차게 느껴진다. 그러나 그것은 혼란스러울 정도로 복잡한 것과는 달랐다. 왜 복잡하지 않게 느껴지는 것일까? 그 비밀은 구멍에 있다. 구멍은 타일의 표면에 무수하게 많은 그림자를 만든다.

22. 도쿄대학 외벽의 스크래치 타일

타일 각각의 색에 모든 그림자 색이 겹쳐져서 혼란스러울 수도 있는 상태를 정돈해 준다. 어쩌면 그림자 색은 건축을 둘러싸는 환경의 색이라고도 할 수 있다. 혹은 공기의 색이라고 해도 좋다. 건축에서 그림자를 잘만 만들면 건축의 각 부분의 상태가 일치할 뿐만 아니라, 건축과 환경 사이의 분위기도 일치하고, 건축을 환경 속에 융화시킬 수 있다. 이때 자연과 건축은 하나가 되는 그림자를 만든다. 라이트도 우치다 쇼조도 그 그림자의 효과와 구멍의 효과를 알아차리고 타일에 무수히 많은 구멍을 새긴 것이다.

게다가 구멍은 물질의 깊이를 보여 주는 효과도 가지고 있다.
구멍이 없으면 우리들은 물질을 정면에서밖에 볼 수 없다. 물질을
얄팍한 텍스처로밖에 볼 수 없다. 그러나 구멍이 있기 때문에
물질의 깊이를 느낄 수 있다. 구멍이 있기 때문에 물질이
컴퓨터로 스캔 가능한 텍스처로부터 전환하여 전송 불가능한
고유성으로 존재하는 것이다. 즉 존재 그 자체로 전환된다.
물질을 텍스처로부터 존재시키기 위해서 구멍은 존재한다.
격자나 루버, 스크래치 타일이 구멍을 만든다.

돌과 철의 직물

⊙

호샤쿠지의 창고를 다시 고치는 '죳쿠라 광장' 프로젝트는 '구명의 건축'이다. 구멍을 주제로 대곡석을 다시 생각해 보고 싶었다. 라이트가 선택한 대곡석을 다시 사용할 수 있는 방법은 없을까? 그러나 대곡석은 그냥 그대로 무수하게 구멍이 뚫려 있는 돌이다. 일반적인 방법으로 콘크리트 위에 이 돌을 붙이면 돌의 장점은 어딘가로 사라져 버릴 것이다. 라이트가 데이코쿠호텔에서 이 돌 위에 각양각색의 선과 구멍을 새겨 넣은 것은 나의 생각과 같았기 때문이 아닐까.[23] 라이트는 무수한 스크래치 자국을 통해서 무수한 구멍을 세상 밖으로 열고, 돌의 깊은 맛을 느끼게 한 것이다. 그러나 현대 건축은 구멍을 장식이라고 하는 여분의 존재로는 받아들이지 않는다. 어쩌면 이러한 점에서 모더니즘의 빈곤함을 느낄 수 있다. 이 구멍투성이의 돌에, 게다가 더욱 큰 구멍을 뚫어서 열어 놓을 수는 없을까? 라이트보다도 더욱 깊고 날카로운 구멍을 뚫을 수는 없을까? 죳쿠라 광장의 독특한 디테일은 그렇게 해서 탄생하게 되었다.

고민 끝에 우리들이 겨우 얻어낸 확신은 대곡석과 철판을 조합시켜 하나의 직물처럼 만든다는 아이디어였다. 콘크리트

23. 프랭크 로이드 라이트 / 구 데이코쿠호텔, 대곡석과 테라코타가 만들어 내는 벽면의 구멍

위에 돌을 붙이는 것이 아니고 날실과 씨실이 결합해서 직물로 짜여지는 것처럼 돌과 철판을 짜는 것이다. 돌과 철판을 거칠게 짜 그 틈을 통해 빛과 바람이 통하는 것이다. 그리고 틈이 바로 구멍이 되는 것이다. 직물은 어쩌면 구멍 없이는 성립되지 않는 것일지도 모른다. 구멍이 없는 직물은 없다. 그러므로 직물은 신체를 어루만지고 사람을 편안하게 하는 것이다. 이 모든 것이 구멍 덕분이다.

    여기까지 생각하는 것은 즐거운 일이었다. 그러나 막상 구현이 된다고 하면 이 디테일은 지금까지 우리들이 시도한 디테일 중에서도 가장 높은 난이도를 기록할 것이다. 철판 위에 얇은 돌을 붙이는 방식을 취하면 내가 싫어하는 요즘 방식인 콘크리트에 돌을 붙이는 것과 무엇이 다르겠는가. 그래서 생각하게 된 것이 철판 사이에 두툼한 돌덩어리를 그대로 끼워 넣어 철판과 돌의 양쪽에서 벽을 떠받치는 방식이었다. 돌을 쌓아 올려서 벽을 떠받치는 조적조라는 사고방식과 철을 뼈대로 만들어 벽을 떠받치는 철골 구조를 혼합한 방식이다. 그러한 '불순한' 방식으로 지진에도 견뎌 내는 강한 벽이 과연 생길 것인지 의문을 품는 사람이 있을지도 모르지만, 건축 구조에서 '순수함'은 없을지도 모르며, 자연적으로도 완전한 순수함은 존재하지 않을지도 모른다. 인간이 제멋대로 '조적조' 혹은 '철골 프레임 구조'라는 도식을 적용시키고 어쩌면 '괜찮아'라고 말하는 것에 지나지 않을지도 모른다. 순수함이라는 것은 어쩌면 그러한 약식 계산의 별칭일지 모른다. 실제로 지진이 온다고 해도 도식이 지진에서 건축물을 지켜 주는 것은 아니다. 오히려 불순하기 짝이 없는 물질이 도식에서는 해명 불가능한 복잡한 힘을 전달하면서, 그 결과 지진에 대응하고 있는지도 모른다. 어쩌면 불순한 물건들이 세계를 구성하고 세계를 떠받치고 있는 것이다. 그러한 의미에서 자연은 완전히 불순한 것이다. 내가 생각한 '불순한' 생각을 컴퓨터로 해석해 보았다. 최근에 들어 컴퓨터는

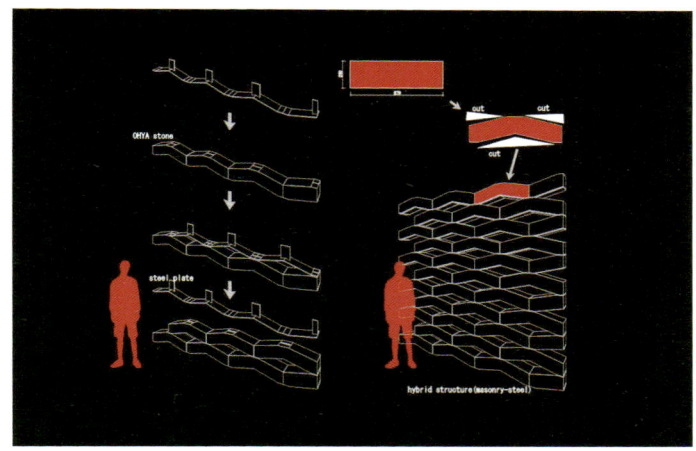

24. 좃쿠라 광장의 대곡석 디테일. 파형 철판에 돌을 끼워 넣어 만든 구멍

단순한 도식에 의지하지 않고 복잡함을 복잡한 그대로 해석하는 것이 가능해졌다. 최신의 해석 기술에 의지해서 철과 돌이 섞인 '불순한' 구조체 설계가 가능하게 되었다.

컴퓨터로 구조를 계산하는 것은 어떻게든 해결할 수 있게 되었지만 실제 시공의 난이도는 만만치 않았다. 계산 결과, 두께 6밀리미터의 철판으로 마름모 형태의 반복되는 메쉬(그물망)를 만들고 그 빈틈에 돌을 끼워 넣는 것이 가장 합리적인 방법이라는 사실을 알게 되었다.[24] 그러나 먼저 철로 메쉬를 만들고 그 다음에 돌을 끼워 넣는 시공법이라고 하더라도 철에서 돌로 힘이 잘 전해지도록 하는 디테일은 만들 수 없었다. 최종적으로 결정한 것은 구부린 철판 위에 돌을 올려 놓고 이것을 단단히 고정시킨 다음에 그 위에 뚜껑을 덮는 것처럼 한 장의 철판을 더 올려 놓고, 밑에 있는 철과 위에 있는 철을 용접한다. 그리고 또 그 위로 돌을 올려 놓는 것을 되풀이하는, 소름 끼칠 정도로 손이 가는 시공법이었다. 이 방식으로 일을 한다면 돌 시공과 철 시공을 교대로 해야 한다. 건축 시공에서 공정 과정상 각기 다른 공정을 이렇게 서로 주고받듯이 일하는 번거로운 방식은 본 적이 없다. 그러나 번거로운 방법을 사용했기 때문에 무수하게 구멍이 뚫린 돌과 철이 혼합된 벽이 완성되었다. 이 벽은 겉모습만 번지르르한 것이 아닌 실제 강도도 만족스러울 만한 것이었다. 지금 생각해 보면 이것은 철과 돌의 직물, 바로 그것이었다. 날실과 씨실을 이렇게 교대로 1개씩 짜 넣어서 처음으로 결합되고 또 견고함을 가지게 된, 그래서 지진 때문에 금새 풀리는 일이 없는 탄탄한 직물이 완성되었다.

    오래된 3개의 돌 창고 가운데 하나를 남기기로 하고, 그 일면의 벽을 '불순한' 벽을 이용해서 바꾸었다.[25] 나머지 2개의 곳간은 일단 해체하고, 좋은 상태의 대곡석을 이용하여 재가공하고 철판과 조합시켰다. 구멍은 빛이나 바람을 통과시킬 뿐만 아니라 건축물에서 상냥함과 친숙함을 느끼게 해 준다.

25. 좃쿠라 광장, 대곡석과 철판의 벽면

돌만 가지고 쌓은 무거운 벽은 창고나 교회 건축에는 좋을지도 모르지만, 논밭 가운데 있는 작은 역과 역전 광장이라는 관점에서 보면 지나치게 무거울지 모른다. 벽에 뚫어 놓은 무수한 구멍과 10년 걸려 만들어진 훌륭한 더러움이 공진(共振)했다.
대곡석은 본고장과 가까운 곳에서 훌륭하게 '장점투성이'의 본령을 발휘했다. '장점투성이'인 돌들은 이곳에 딱 맞았다.

중요한 것은 결함을 인정하고 결함에 굴복하지 않는 것이다.
우선은 결함을 인정하고 최대한의 노력을 통해 포기하지 않고
연구를 거듭해 해결책을 모색하는 것이다.
그런 겸허함이 없으면 자연 소재는 사라져 갈 뿐이다.
자연 소재를 구해내는 것은 타협도 연설도 아닌
겸손과 노력이다.

4 — 히로시게 미술관

라이트와 인상파 그리고 표층적 공간

26. 히로시게 미술관 / 2000

◉

　도치기현에 어째서 안도 히로시게(安藤廣重) 미술관이 있는지, 이상하게 생각하는 사람이 있을지도 모른다. 이유는 바로 1995년의 한신 대지진 때문이었다. 고베(神戶)의 아오키(青木) 집안의 창고가 지진으로 무너져 버렸다. 그 파편 속에서 80점에 달하는 히로시게의 육필화가 발견되었다. 여기에서 이 이야기는 시작된다. 막대한 수에 이르는 히로시게의 작품 대부분은 실업가 아오키 도우사쿠(青木藤作) 씨가 메이지시대에 수집한 것이었다. 손자인 아오키 히사코(青木久子) 씨가 아오키 집안 출신지에서 가까운 바토마치(馬頭町, 현재 나카가와마치那珂川町 바토馬頭)에 모든 작품을 기부하고 싶다고 자청했다. 이에 바토마치의 시라요리(白寄) 동장은 귀중한 컬렉션을 전시하기 위한 미술관을 만들기로 약속했다.

　건축 설계 콤페(현상설계) 통지로 대지를 방문했을 때, 한쪽 구석에 있던 목조로 된 담배 창고가 눈에 들어왔다. 대부분 썩기 시작했지만 대지 뒤에 있던 마을의 산과 묘하게 어울렸다. 숲의 질감과 썩기 시작한 목조 건축이 뭐라고 말할 수 없는 어울림으로 나의 마음속에 다가왔다. 특히 외벽은 풍화가 심하게 된 삼목판으로 되어 있었는데, 수수한 뒷산과의 궁합으로는 그만이었다. 사실 이 주변은 야미조(八溝) 산지라고 일컬어지는 곳으로, 양질의 야미조 삼목을 산출하는 곳이다. 그 야미조 삼목을 붙인 외벽이 산의 경관과 어울려 빛나 보이는 것은 어쩌면 아이와 엄마의 관계와 비슷한 것이다. 생각해 보면 당연한 것일지도 모른다.

나는 뒷산의 삼목숲 같은 건축을 만들고 싶었다. 그것이 이 프로젝트의 출발점이었다. 당연히 재료는 삼목이 중심이 되어야 한다. 물론 삼목으로 만들기만 한다고 삼목숲과 같은 건축을 할 수 있는 것은 아니다. 내가 원하는 것은 숲 그 자체가 아니다. 숲속의 공기와 빛의 상태를 동경한 것이다. 하늘을 향해서 곧게 뻗는 삼목 나무가 무수하게 겹치고 어느 정도의 공간적 레이어가 중층하는 숲의 상태를 그대로 건축에 그려 놓고 싶었던 것이다.

히로시게의 비

⊙

물론 삼목숲에 대한 나의 아이디어는 히로시게가 창조한 우키요에(浮世繪, 일본의 무로마치시대부터 에도시대 말기(14 –19세기)에 서민생활을 바탕으로 제작된 회화의 한 양식)의 세계와도 깊은 영향이 있었다. 처음에 히로시게라는 말을 듣고 순식간에 머리에 떠오른 것은 〈명소 에도 100경(名所江戸百景)〉에서 〈오하시아타케의 소나기(大はしあたけの夕立)〉[27]와 〈도카이도 53 역참(東海道五拾三次)〉, 호에이도(保永堂版)의 〈쇼노(庄野)〉[28]였다. 그중에서도 나의 시선을 끌었던 것은 곧은 선으로 그려진 비였다. 회화 공간에서 비가 하나의 레이어를 구성하고, 레이어 뒤에서 '큰 다리'가 겹치고, 게다가 수면 건너편 강가에 몇 개인가의 레이어가 더 겹치고 이상할 만큼의 풍부한 공간의 깊이가 작은 2차원의 테두리 안에 출현한다. 〈쇼노〉의 레이어 구성은 더욱 노골적이어서 비가 만들어 내는 앞의 레이어 뒤에 또 다시 3개의 레이어로 구성된 숲을 그려 넣었다. 서서히 색을 엷고 흐리게 해 가면서 복사라도 한 것처럼 반복해서 인쇄해 놓는 것이다.

여기에는 서양의 투시도 화법과는 대조적인 일본스러운 공간 깊이에 대한 표현이 있다고 미술사가들은 말한다.

27. 안도 히로시게 / 오하시아타케의 소나기

28. 안도 히로시게 / 쇼노

고대 그리스의 무대 미술에서 시작되어 르네상스에 개화한 서구 회화의 근간이 된 기법이 바로 투시도법이다. 히로시게의 목판 안에는 투시도법이 존재하지는 않는다. 먼 것은 작아지고 가까운 것은 커지는 투시도법의 규칙은 적용된 일이 없다. 멀리 있는 것이 틀림없는 〈쇼노〉의 숲마저도 같은 크기와 치수를 반복한다. 그럼에도 거기에는 투명하고 겹쳐지는 기법을 통해 풍요로운 깊이가 갑자기 출현한다.

    이 기법의 차이는 단지 회화 기법에 머무르는 문제가 아니다. 각 문화의 근저에 영향을 미치는 깊이 있는 문제를 내포하고 있다. 미술사가(예를 들면 파노후스키)는 지적한다. 즉, 투시도법 자체는 상징적이기 때문에 건축에서도 모뉴멘털(monumental, 그 지역의 특수성과 시간을 압축해 놓은 상징적 기념물) 건축물을 요구하게 된다는 것이다. 확실히 먼 곳의 하나의 점에서 발생하는 방사상의 묘선은 투시도법의 고유한 것으로 이 방사상의 선은 화면 중심에 있는 오브제의 상징성을 한층 더 강조하며 고정시키는 효과가 있다. 모뉴멘털리티가 서구 고전주의 건축에서의 중심 개념이라고 한다면 투시도법과 고전주의 건축은 밀접한 관련이 있다. 반대로 비투시도법적인 일본의 회화 공간은 모뉴멘털리티와는 대조적인 원리를 가진다. 이것은 일본의 전통적 건축 공간과도 일치한다. 건축은 모뉴먼트라고

일반적으로 여겨지고 있다. 그러나 모뉴멘털리티의 부정을
목적으로 하는 반전된 건축적 전통이 극동의 섬에 존재하고
있다. 모뉴멘털리티의 지향의 결과로 살벌한 환경을 초래하게
되었다면, 안티 모뉴멘털리티라고 하는 건축의 방법으로
환경을 구할 수 있을지도 모른다.

　게다가 '비'를 직선으로 표현하는 기법은 서구 회화에서 보면,
지극히 이례적이고 이질적이라고 회화 전문가들은 지적한다.
비, 연무, 구름 등의 자연 현상을 직선으로 표현하는 전통이 서구
회화에는 존재하지 않았다. 직선은 인공물의 속성으로 간주되어
자연에 속하는 현상을 직선으로 표현하지 않았다. 19세기 영국의
화가 터너(Joseph Mallord William Turner), 컨스터블(John Constable)에
의해 자연 현상이 회화의 세계에 도입되었다고 한다. 그러나
그들은 결단코 비나 연무를 직선으로 표현하지 않았다. 그들에게
자연은 어디까지나 애매한 것으로, 경계가 없는 혼란으로
표현되었다. 그러나 히로시게를 비롯한 일본 미술에서 비는
자주 직선으로 표현된다. 거기에는 자연과 인공과의 경계에 대한
일본적인 정의, 즉 양자를 연속한 것으로 간주하는 일본적인
자연관을 엿볼 수 있다. 그러한 자연과 인공과의 연속성을
구체적으로 건축에서 표현하는 것, 그 결과로 내가 생각해 낸
것은 히로시게 미술관을 다 덮는 비와 같은 루버였다.[27]

29. 히로시게 미술관, 비가 내리는 것과 같은 지붕과 벽면 루버

라이트와 우키요에

⊙

일본의 회화적 전통에서 중심으로 존재하는 것은 투명성, 중층성 그리고 자연과 인공과의 융합이다. 그러한 의미에서 히로시게는 상당히 일본적인 작가라 할 수 있다. 이러한 히로시게에게 내재하는 공간적 특성에 강하게 반응하고, 서구와의 이질성에 큰 가능성을 찾아낸 건축가가 있다. 그는 앞서 말한 구 데이코쿠호텔의 설계자인 프랭크 로이드 라이트이다.

"우키요에가 차지하는 위치는 상상하는 것보다 훨씬 크다. 만약 내가 받은 교육 속에 우키요에가 없었으면, 나의 건축이 어떤 방향으로 향하고 있을지 모른다."(『프랭크 로이드 라이트 자서전』 중에서) 라이트는 자기의 건축 작품이 우키요에의 산물이라고 말한다. 그중에서도 특히 가츠시카 호쿠사이(葛飾北齋)의 자유자재의 형태 변환과 히로시게의 투명성, 공간 연속성은 라이트에게 커다란 영향을 주었다. (케빈 뉴트 Kevin Nute는 『프랭크 로이드 라이트와 일본문화』(가시마출판회, 1997)에서, 우키요에에 국한하지 않고 일본 문화가 어떻게 라이트 건축에 큰 영향을 주었는지를 분석하고 있다.)

라이트는 〈오하시아타케의 소나기〉를 포함하는 〈명소 에도

100경〉을 특히 높게 평가하고, 다음과 같이 칭찬한다. "왜냐하면 히로시게는 수평한 것을 수직적인 것으로 바꾸어 생각하는 아이디어를 얻었기 때문이다. 그리고 그는 그것을 표현하되 연속적인 공간의 감각을 가지도록 했다. 다른 대부분의 물건과 같이 테두리 안에 둘러싸여진 것이 아니라 위대한 연속성을 느끼게 하는 대수롭지 않은 무엇인가를 표현하고 있는 것이다. (중략) 예술의 역사에서 보더라도 완전히 독자적인 것이다. 그리고 완벽하게 위대한 아이디어이다. 지금 여기에서 히로시게는 공간성을 받아들이기 위해 우리들이 건축에서 해 온 것을 회화에서 달성한 것이다. 이것은 회화 안에서 한정된 것이 아니다. 깊이 있는 무한한 공간 감각을 얻을 수 있는 것이다."

히로시게의 가장 만년 작품인 〈명소 에도 100경〉은 〈오하시아타케의 소나기〉로 대표되는 것과 같은 세로로 긴 프레이밍(flaming)으로 구성되어 있는 가로 그림이다. 이전의 히로시게의 풍경화와는 다른 변화였다. 풍경 속의 상징적인 오브제를 표현하기보다는 풍경 자체의 수평적인 연속성에 흥미가 있었던 히로시게가 가로 그림을 선택한 것은 자연스러운 결과였는지 모른다. 가로로 긴 프레이밍은 돌출한 오브제가 없는 온화한 연속적 경관을 그리기 위해서는 최적이었다. 왜 그는 말년에 세로로 긴 프레이밍을 선택한 것일까? 결과적으로 어쩔 수 없었다고 생각되는 세로로 긴 그림의 선택은 그를 새로운 경지로 인도했다. 그것이 본인의 선택이었는지 인쇄물을 위한 요청이었는지는 모르지만 제약은 자주 예술가를 새로운 경지에 도달하게 한다. 수평의 온화한 연속성 대신에 공간을 중층하는 테크닉을 구사한 '공간의 깊이'에 대한 표현은 히로시게 자신의 인생 최후가 되어서야 방향을 잡았다. 모뉴멘털리티를 요청하는 세로 구도이면서, 게다가 모뉴멘털리티를 최소한으로 회피하는 줄타기에 자기 자신을 휘몰았다. 이 한 걸음을 라이트는 '예술의 역사'에서 큰 달성이라고 높이 평가했다. 공간 깊이의 연속성, 말하자면 x축(수평), y축(수직)에 따라 달라지는 z축(깊이)의 추구에 대해 라이트는 "우리들이 건축에서 해 온 것을 그가 달성했다."라며 히로시게를 높이 평가했다.

 라이트의 초기 주택 작품 중에서 히로시게는 아직 등장하지 않는다. 당시의 주류는 전형적인 아메리칸 콜로니얼 스타일(American Colonial Style, 17세기에서 18세기 전반까지 미국이 식민지였던 시기에 만들어진 간소하고 실용적인 스타일)이었고, 그 외에는 관심을 갖지 않고 있었다. 초기 라이트의 작품에는 깊이(z축)의 연속성뿐이어서 수평의 연속성은 느껴지지 않았다. 그러나 1892년 전후로 추정되는 우키요에와의 조우, 그리고 1893년 우지(宇治)의 뵤도인(平等院, 세계문화유산에 등재된 일본의 신사)의

30. 시카고만국박람회의 일본관 / 1893

호오도(鳳凰堂)를 모방한 '시카고만국박람회' 일본관과의 만남,30
이 2개의 사건이 라이트를 결정적으로 바꾸는 계기가 되었다.
이 사건으로 라이트는 공간의 연속성에 눈을 뜨게 된 것이다.
히로시게와 뵤도인의 뒤에 라이트가 있었다. 그리고 라이트에
의한 x축, z축의 연속성이 시작되었다. 그 후 미스 반데어로에,
르 코르뷔지에에게서 20세기 모더니즘 운동이 시작되었다.
더욱이 모더니즘은 유럽에서 시작되어 전 세계로 퍼지고
20세기를 지배했다. 일본의 건축업계 또한 모더니즘을 추종하고
모더니즘에 석권되었다. 어쩌면 이 모든 것은 히로시게로부터
시작되었다고 할 수도 있다. 히로시게와 프랭크 로이드

라이트, 미스 반데어로에, 이 모두는 '시카고만국박람회'로부터 시작되었고, 전 세계에 잇달아 순환하기 시작한 것이다.
미스 반데어로에의 영향은 일본에도 미친다. 순환은 이렇게 닫혀진 것일지 모른다. 그러나 순환이라고 말하기에는 일본에 도달한 모더니즘은 꽤나 살벌하고 무미한 것으로, 히로시게의 섬세함과는 별로 인연이 없는 것으로 전락해 버리고 말았다.
히로시게를 기점으로 원형의 완성된 순환을 만들 수는 없을 것인가? 히로시게와 건축과의 관계를 여러 가지 관점에서 생각하는 동안에 그 생각은 점점 더 강렬해졌다.

자연과 인구

◉

히로시게에게서 그리고 모더니즘 건축에서 상실된 것은 아주 가느다란 비의 선과 같이 자연과 인공과의 경계에서 흔들리는 애매하고 섬세한 것이다. 서구의 건축처럼 자연과의 대비를 목표로 하는 것이 아니고 〈오하시아타케의 소나기〉의 수면, 소나기 그리고 다리와 같이 자연과 인공물이 경계 없이 그러데이션으로 연결되어 가는 상태를 되찾을 수는 없는가? 만약 뒷산의 삼목을 사용하고 삼목숲과 같은 건축을 만들 수만 있다면 소나기와 같은 자연물도 인공물도 아닌 안개가 낀 것과 같은 애매한 건축이 출현할지도 모른다. 삼목이라는 목재를 비의 선으로 착각할 때까지 가늘고 약하게 만들어 가면 어떨까? 그 선이 모여서 몇 개의 레이어를 구성하고 그 레이어의 중층(z축)이 결국은 인간과 자연을 하나로 포개는 이미지를 생각했다. 이런 구체적인 공간 이미지로부터 나의 계획이 시작되었다.

일반적으로 건축 설계는 방을 어떻게 늘어놓을 것인지의 평면 계획을 하고, 그 다음에 건축의 외형을 결정한다. 그 다음에 '슬슬 어떻게 마무리할까?'라는 느낌으로 재료 선정이 이루어지지만 나는 그러한 일반적인 순서는 중요하지 않다고 생각한다. 처음부터 재료를 생각하고 디테일까지 생각한다. 그러면서 비와 같이 가느다란 삼목이 어떻게 하면 실현될 수 있을지를 생각한다. 그 가느다란 두께가 기술과 재료로 실현될 수 있다는 확신이 서지 않는 한 평면을 정해도 형태를 정해도 아무런 의미가 없다. 이 재료와 디테일로 만들어지기 때문에 그렇다. 이 정도의 넓이와 높이여야 한다고 생각하고 순서대로 디자인을 진척시켜 간다. 나는 이렇게 하는 것이 물질로서의 건축을 결정할 때 성실한 순서이며 물질에 대한 성실한 프로세스라고 생각한다.

    뒷산의 삼목으로 만든 비와 같은 건축을 말로 하는 것뿐이라면 간단하지만 막상 실현하려고 하면 어려운 문제들과 조우하게 된다. 예를 들어, '불타지 않는 나무가 있을 수 있을까?' 하는 문제처럼 말이다.

타지 않는 나무

⊙

관동 대지진 이후, 일본의 건축 행정의 최대 문제는 '불연화'였다. 지진에 의한 피해보다도 오히려 지진으로 야기된 화재가 도시를 파괴하고 인명을 빼앗았기 때문이다. 그러한 반성에 근거하여 어떻게 해야 화재가 나지 않는 도시, 불타지 않는 건축을 만들지가 관동 대지진 이후의 일본 건축 행정의 중요한 주제가 된 것이다. '나무의 도시'였던 에도시대 도쿄가 콘크리트의 도시로 변신하고, 섬세하고 인간적인 '나무의 문명'이 무미건조하고 조악한 '콘크리트의 문명'으로 전환해 갔다. 그 전환을 선도한 것이 바로 건축기준법과 소방법으로 대표되는 건축법규들이다. 그 결과 막상 삼목을 사용해서 비와 같은 건축을 만든다는 것은, 곧 건축법규와 싸우지 않으면 안 된다는 것을 의미하기도 한다.

유럽에서도 일본에서도 목재를 불연화시키는 기술에 대해 연구가 조금씩 진행되기 시작했다는 이야기는 익히 들어 알고 있었다. 자료를 모으거나 검색하고 있는 동안에 우쓰노미야대학(宇都宮大學)의 안도(安藤) 씨를 만나게 되었다. 바토와 우쓰노미야대학은 거리가 가까워서 뭔가 인연처럼 느껴졌다. 그런데 우쓰노미야대학에 전화를 해 보아도 "여기에는 안도라고 하는 교원은 없습니다."라고 하지 않은가. 자초지종을 알아보니 확실히 안도 씨는 교수도 아니고, 연구원도 아니고, 조교도 아니었다. 단지 대학원생으로 대학에 적이 있을 뿐이었다. 안도 씨는 도치기현청에서 임야행정에 오래 종사하고 정년을 맞이했다. 2차 세계 대전 후 일본의 임야행정은 삼목과 노송나무의 숲을 늘리는 것이 목적이었다. 작년까지 안도 씨의 공무원 인생도 그 목적을 위해서였다.

    하지만 안도 씨는 다시 한번 고향의 산을 바라보면서 이것이 정말로 좋았던 것일까라는 의문이 들었다. 확실히 삼목을 심은 덕분에 산은 생겼다. 그러나 삼목을 길러서 재목으로 사용하는 경우는 지극히 드물었다. 캐나다, 미국 등의 외국산 재료 쪽이 값도 싸고, 목재로서의 강도도 좋았기 때문이다. 일본의 산림은 재목으로 잘라봤자 손해를 본다는 거짓말 같은 이야기가 일반화되어 있었다. 삼목숲은 간벌도 충분히 행해지지 않은 채 엉망이 되어 갔다. 방치된 삼목숲은 생물로서 가치를 잃고 대량의 꽃가루를 공중에 뿌리는 알레르기의 원흉이 되었다. 삼목과 노송나무를 우선으로 심었던 일본의 임야행정이 문제라는 비난 여론까지 돌았다. 어떻게서든 일본의 삼목에 한번 더 광명의 빛을 비출 수는 없을까? 그래서 행정인으로서 한평생을 바쳐온 안도 씨는 삼목의 불연화 연구에 나머지 인생을 걸게 된 것이다.

안도 씨는 독학으로 묵묵히 삼목의 불연화 연구를 시작했다.
드디어 그가 찾아낸 것은 삼목의 약점을 장점으로 반전시키는
방법이었다. 나무의 줄기는 뿌리로 빨아들인 물을 상부로 나르는
도관이라는 파이프로 되어 있다. 삼목의 도관은 구멍 벽이라는
일종의 변종이 되어서 약재를 주입해도 그 변종의 관이 방해를
하고, 나무의 안쪽 깊이까지 침투하지 못하게 한다. 그 때문에
불연화하기 위한 액체도, 내구성을 보강하기 위한 액체도
삼목에는 먹혀 들어가지 않는다. 삼목은 정말로 다루기 어려운
나무라고 생각하는 것이 정설이었다.

안도 씨는 원적외선으로 삼목을 구어 버리는 방법을 생각해
내었다. 특별한 방법으로 삼목을 구워 버리면 도관 안에서
수증기 폭발이 일어나고, 방해를 하고 있었던 변종 관이 휙 하고
날아가 버리는 것이다. 변종이 없는 도관은 재미있게도 액체를
통과시켰다. 유럽에서 목재 처리에 자주 사용하고 있는 고압주입
방법이 아니라도 액체에 담그는 것만으로 안쪽까지 주입이
가능하게 되었다. 삼목의 결점이 장점으로 변화하는 순간이었다.

그러나 정년 후의 독학으로 이룩한 안도 씨의 방법은
학회에서 묵살되었다. 실제 건축에 사용된 예가 없었기 때문이다.
나는 이 방법이 건축기준법을 통과하리라는 확신은 없었지만
어쨌든 시도해 보기로 결심했다. 그날부터 분주하게 움직이기

시작했다. 나는 이 방법을 추진하는 것이야말로 의미가 있을 것이라고 생각했다. 일본의 산이 안고 있는 문제는 너무나도 크고 깊다는 공감 때문이었다.

타임 오버

⊙

건축 센터에서 안도 씨의 방법으로 원적외선 처리를 한 삼목을 가져온 것은, 일정에 간신히 맞춘 것 같았지만 이미 기한을 조금 넘긴 뒤였다. 만약 이 시험에서 삼목의 피스가 불타 버렸다면, 지붕이나 외벽에 삼목을 사용할 수 없었을 것이다. 그러면 설계도면을 전부 다시 그리지 않으면 안 된다. 견적도 모두 다시 하지 않으면 안 된다.

일본에서의 건축 공정은 공공 공사이건 민간 공사이건 간에 모든 것을 기한에 늦지 않게 진행해야 한다는 기준이 있다. 이미 있는 기술과 디자인을 전제로 하고 이것을 복제하고 붙여 놓았을 경우만 빠듯하게 스케줄에 맞출 수 있도록 설정되어 있다. 새로운 기술이나 디테일의 검토 등을 요하는 여유는 현실적으로 거의 가질 수 없는 빡빡한 일정이다. 게다가 일정 엄수가 절대조건인 공공건축에서는 삼목으로 그린 도면을 알루미늄이나 철 등의 불연 재료로 바꾼 도면으로 수정해서 그릴 시간적 여유가 없다.

삼목이 연소 실험을 통과하지 못하면 동장에게도 행정 담당자에게도 큰 폐를 끼치게 된다. 아마 기업에 소속되어 있는 설계자라면 이런 위험은 감수할 수 없었을 것이다. 속된

말로 샐러리맨 인생을 한번에 날려 버릴지도 모르는 일이다. 샐러리맨이 아니어도 위험 부담이 있고, 경우에 따라서는 이보다 더욱 큰 문제가 있을 수 있다. 저 건축가는 일정을 지키지 않는 터무니없는 놈이다. 사회성이 결여된 '예술가'라는 뜬소문이 인터넷 여기저기에 떠돌아다니고, 이후 설계 의뢰는 영영 끊어져 버릴지도 모른다.

그러나 나는 삼목에 모든 것을 걸었다. 그만큼의 가치가 있다고 생각했다. 자연 소재를 건축에 부활시키기 위해서는 그만큼의 위험을 감수하지 않으면 안 된다고 생각한 것이다. 여기서 위험을 감수하지 않으면 콘크리트 표면에 엷은 화장을 붙여 놓는 것뿐인 '안전한' 도면 작업을 평생 계속하게 된다. 안전한 인생의 결과 일본 건축은 콘크리트가 대부분이었고, 콘크리트투성이인 도시는 앞으로 아무 변화도 없을 것이다.

그렇다 치더라도 건축센터가 연소 실험을 위해 준비한 헌 신문은 굉장한 양이었다. 그것을 삼목 토막의 위, 아래에 늘어놓는 것이다. 안도 씨의 처리는 삼목의 외관에는 대부분 영향을 주지 않았다. 단순히 무방비한 삼목 조각들로밖에는 보이지 않았다. 저런 양의 헌 신문과 함께 태우면 아무리 보아도 잠시도 버티지 못하고 다 타 버릴 것 같았다. 저절로 포기하는 마음이 들었다. 나는 마음속으로 성공을 기원하면서 착화(着火)를 기다렸다.

그러나 삼목은 불타지 않았다. 시말서와 사죄 문장도 쓰지 않았다. 도면을 고칠 일도 없었고 공사는 예정대로 착공했다. 단지 운이 좋았던 것일지도 모르고 삼목의 신이 내 편을 들어준 것일지도 모르겠다.

매개하는 건축

⊙

대지는 바토마치 동사무소의 북쪽, 마을 산 아래 자락이었다. 산 중턱에 아담하고 느낌이 좋은 신사(神社)가 있다. 나는 도시에서 신사로 향하는 참배길과 같은 건축을 완성하고 싶었다. 서구에서 건축은 모뉴먼트이다. 도시의 중심에 교회가 우뚝 솟아 있고, 시각적 중심으로서 기능한다. 그러나 일본의 신사는 그러한 의미에서 모뉴먼트가 아니다. 신성한 것은 신사의 배경이 되는 산이고, 그 산 자체가 모뉴먼트가 되며 산을 돋보이게 하기 위해서, 그 산의 신성함을 나타내기 위해서 신사라는 매개물을 세워 온 것이다. 게다가 신사를 돋보이게 하기 위해서 야마노테(山手) 앞의 참배길이나 도리이(鳥居, 지붕이 없는 문으로 일반적으로 신사를 상징하는 건축적인 장치로 많이 사용됨)가 만들어졌다. 인공물은 그런 의미에서 자연의 매개이며 자연을 돋보이게 하는 역할을 한다. 이 방식으로 히로시게 미술관도 매개가 되는 건축물로 디자인하려고 했다. 산 바로 앞에서 산을 돋보이게 하는 참배길과 신사, 정말 특별한 참배길과 도리이 건축을 디자인하고 싶었다.[31]

이 모든 것을 위하여 건축물 자체는 두드러져서는 안 된다. 마을에서 신사로 가는 참배길을 설정하고, 건축물은 참배길에

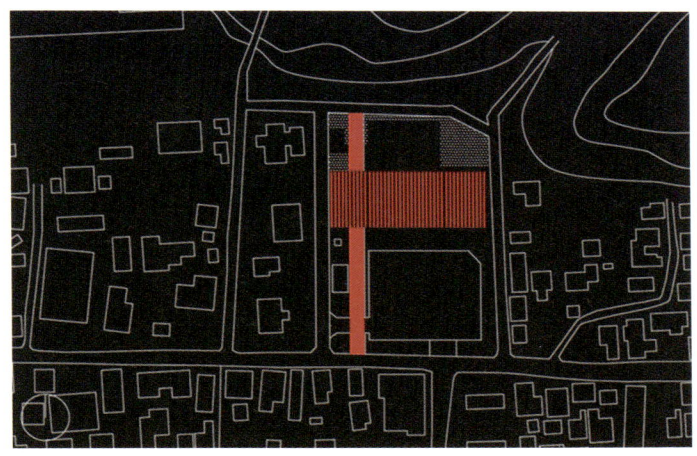

31. 히로시게 미술관의 배치 계획

비해 지루할 만큼 낮고 평평한 처마의 선을 보여 주는 것만으로도 좋다고 생각했다. 처마 쪽이 아니고 박공벽 쪽을 보여 주면 무슨 일이 있어도 삼각형의 지붕형이 강하게 눈에 들어온다. 삼각형은 주장이 지나치게 강해서 신사의 아름다움을, 게다가 도리이의 아름다움을 방해한다. 어프로치(도입부)도 지붕의 단면을 삼각 박공 형태로 지붕을 만드는 방식이 있고, 반대로 평평한 처마를 얹는 방법도 있는데, 이를 '평들어가기(平入り)'라고 한다. 바토의 산에서는 평들어가기로 하기로 했다. 나는 처마가 낮은 쪽이 좋다고 생각했다. 처마가 높아지면 그 밑의 벽이 자기 주장을

내세워서 산만해진다. 처마의 높이는 2미터 40센티미터로 주택
처마로서는 낮은 높이이다. 불특정 다수의 사람들이 사용하는
공공건축에서 처마 아래를 사람들이 빠져나가기에는 비상식적인
높이라고 할 수도 있다. 손을 뻗으면 닿을 정도로 낮기 때문이다.
이 정도로 처마를 낮게 하면 처마가 만드는 그림자 벽은
소멸한다. 처마의 끝은 과감하게 3미터로 했다. 이것만 튀어
나오면, 충분히 그림자를 만들면서도 벽의 존재감은 사라진다.
그림자를 통해 건축과 자연이 하나로 녹아내리는 것이다.

    산을 향하는 어프로치에서 보면 건축물은 충분히 낮다.
신사를 방해하지 않는다. 산을 방해하지 않는다. 건축물의
한복판에 구멍을 뚫어 비워 보았다. 이 구멍을 통해서 신사로,
그리고 산으로 걸어가는 것이다. 이것은 건축이라고 하기보다는
어쩌면 도리이일런지 모른다. 게다가 보통의 도리이보다도
훨씬 낮다. 도리이는 그것 자체가 지나치게 눈에 띄고 지나치게
과장되어서 많은 경우 산을 방해하기도 한다. 이곳에서는
억제한 듯한 도리이로 두드러지지 않고 그러면서도 단순한
구멍이 있는 공간이다.[32]

    건축에 구멍을 뚫어서 열어 놓으면 또 하나의 장점이 있다.
구멍 왼쪽에는 매점이나 식당과 같이 방해되지 않는 시설을
받아들이게 하고, 구멍 오른쪽에는 조금은 힘이 들어간 미술관

32. 히로시게 미술관, 건물에 구멍을 내는 방식으로 마을과 산을 연결

기능을 배치한다. 이렇게 작은 도시의 미술관은 지나치게 디자인에 주력해서는 안 된다. 신사로 향하는 참배길을 걸으면서 경험하게 되는 마음 편한 매점이나 음식점 쪽이 더 잘 어울릴 수 있다. 뮤지엄 숍, 박물관 카페라는 고상한 것이 아니라 흙탕물이 붙은 감자나 마를 파는 가게가 이 도시와 신사 앞, 그리고 미술관 앞에 더 잘 어울린다.

안과 밖을 연결하다

⊙

　건물을 관통하는 구멍을 내어 오른쪽으로 향하게 한다. 신사와 산을 조화롭게 만든다. 자갈을 깐 정원의 조용함을 충분히 만끽하도록 하면서 미술관에 다가선다. 레이어가 z축 위에서 중층하게 되는 히로시게의 공간이 재현된다. 구멍을 빠져나가면서 쥬니히토에(十二單, 주로 귀족들이 입었던 일본의 전통의상으로 12장을 겹쳐 입는다.)처럼 무거운 옷을 한 겹 벗게 한다. 레이어를 한 장씩 벗기고, 최후에 히로시게의 육필이 장식되어 있는 어두운 전시실에 도달한다. 거리, 산, 신사가 겹겹이 껴입은 옷과 같이 하나로 묶을 수 있는 것이다.

　쥬니히토에를 가장 안쪽의 옷에서부터 한 장씩 입어 나가는 것처럼, 건축의 소재 역시 부드럽게 전개해 간다. 이 방식은 의복 디자인과 많이 닮았다. 가장 외측에는 오버코트와 같은 조금은 힘이 있는 소재를 사용하고 점차로 자켓, 셔츠, 속옷이라는 서서히 부드럽고 올이 가는 소재로 바뀌어 가는 것이다. 건축도 넓은 의미에서는 의복이다. 신체라는 연약하고 부드러운 것과, 외부에 있는 환경이라는 난폭한 것을 중개한다는 의미에서 건축과 의복과의 사이에는 근본적인 차이가 없다.

　히로시게 미술관의 경우, 신체와 환경 사이에 4층의

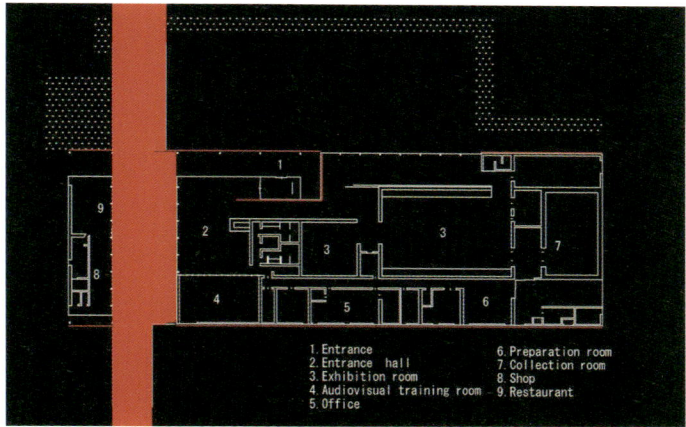

33. 히로시게 미술관, 1층 평면도

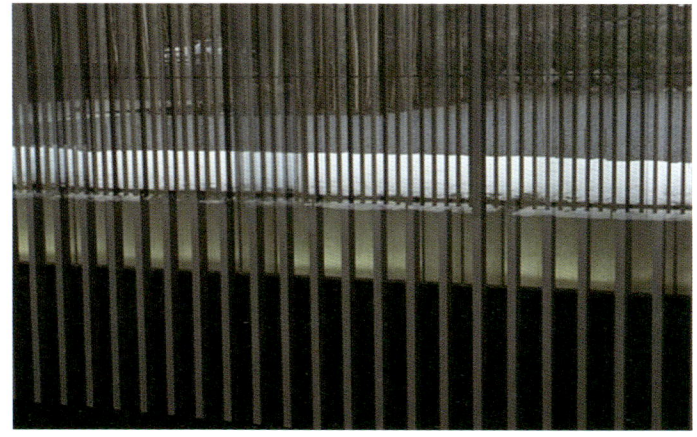

34. 히로시게 미술관, 와시를 감은 루버 격자에서 외측의 루버가 보임

레이어가 전개된다. 가장 외측의 오버코트에 맞는 부분에는, 3센티미터×6센티미터의 단면 형상의 삼목 각재를 나란히 배치했다. 피치(간격)는 12센티미터이기 때문에 삼목과 삼목의 간격은 12센티미터 - 3센티미터 = 9센티미터가 된다.[33] 그 안쪽에 삼목의 각재를 일본 종이로 감은 루버가 삽입된다. 가장 안쪽에는 조명으로 어렴풋이 빛나는 일본 종이의 빛 벽이 보이도록 4개의 층 구성이 완결된다.[34] 일본 종이의 빛 벽의 세로살 피치는 12센티미터로 이 치수는 기본적으로 12센티미터의 배수로 구성된다. 밑바닥에 깔린 돌도 12센티미터의 2배인 24센티미터를 기준 치수로 나누어져 12센티미터가 만드는 리듬의 공간이 전체적으로 울려 퍼진다.

와시로 된 벽

⊙

나는 위에서 설명한 것과 같은 레이어 구성을 제안했다. 그러나 건설위원회는 방문객 중 어린아이들이 벽에 사용된 일본종이 와시(和紙)를 찢지 않으리라는 보장이 없다는 이유로 문제를 제기했다. "찢어지면 계속해서 붙이러 와 준답니까?"라며 으름장을 놓았다. 그러나 정말로 어린이들이 와시를 찢을 것인가? 아직도 여관에 가면 미닫이투성이이다. 그렇다고 어린이가 그것을 찢어서 걷거나 하지는 않는다. 여관이라는 공공장소에서도 와시가 제대로 소중하게 사용되고 있는 것이다. 약한 물건이라도 소중하게 다루는 것, 약한 물건이기 때문에 소중하게 다루는 것, 어쩌면 이것들이 우리 문화인데 건설위원회는 납득하지 않았다.

그렇다면 와시의 뒷편에 플라스틱으로 된 인공 종이를 덧바르는 것을 제안했다. 인공 종이는 와시의 10배 정도의 강도가 있다. 어린이가 깔보아서 손가락으로 찌르는 정도로는 찢어지지 않는다. 손가락으로 찌르는 실험을 하고 두 겹 덧붙이는 것으로 결말이 났다. 상대의 주장을 배려하는 건축이야말로 가장 중요한 것이다. 자연 소재이기 때문에 더러워진다는 것은 당연하다. 그것을 이해하지 않는 당신이 최악이라고 한다면 건축은 거기에서 멈춘다. 자연의 가치를 모르는 환경 파괴자 당신이 최악이라고 말하는 것처럼 정색하면 끝이다. 아무것도 실현되지 않는다.

 자연 소재를 사용하는 것은 정말로 어렵다. 어떻게 신중하게 계획해도 여전히 예측할 수 없는 문제가 일어난다. 그렇기 때문에 신중에 신중을 거듭하고 인공 종이의 뒷바침도 하는 것이다. 그러한 세세한 배려가 없으면 이야기도 통하지 않게 된다. 배려가 있기 때문에 처음으로 자연 소재의 건축이 실현되는 것이다.

 결국 자연 소재라고 하는 것은 결함투성이이다. 썩고 깨진다. 그런 위험과 등을 맞대고 있기 때문에 자연 소재이며, 그런 결함투성이이기 때문에 공간을 상냥한 공기로 채우고 우리들을 편안하게 이끈다.

 중요한 것은 결함을 인정하고 결함에 굴복하지 않는 것이다. 우선은 결함을 인정하고 최대한의 노력을 통해 포기하지 않고 연구를 거듭해 해결책을 모색하는 것이다. 그런 검허함이 없으면 자연 소재는 사라져 갈 뿐이다. 자연 소재를 구해내는 것은 타협도 연설도 아닌 겸손과 노력이다. 그 덕분에 히로시게 미술관의 와시는 지금도 건재하다.

대나무의 아름다움은
어쩌면 흙의 강인함과도 통한다.
오히려 대나무는 나무의 영역에서 다루는 것보다는
흙의 영역으로 다루어야 할 것인지도 모른다.
대나무가 대지와 인연이 끊어진
단순한 장식으로밖에 존재하지 못한다면
우리들은 조금도 감동하지 않을 것이다.

5 — 대나무

그레이트 월 코뮌의 모험

35. 그레이트 월 코뮌 프로젝트 / 2002

◉

    대나무에 흥미를 가지게 된 것은 어렸을 때 놀이터였던 뒷산의 대숲 때문일지 모른다. 급사면에 대나무가 있고, 대나무의 줄기를 차례로 붙잡아 가면서 경사면을 오르는 것이 즐거움 가운데 하나였다. 대숲의 녹색 빛도 매력적이었지만 대나무는 청결하면서도 금속이나 타일과 같이 차지 않은 질감이 아주 좋았다.
    나는 대숲과 같은 공간을 만들어 보고 싶다. 물론 대나무로 건축을 해 보고 싶은 생각은 이전부터 있었지만 대나무에는 큰 결함이 있다. 건조하면 아주 쉽게 쪼개져 버린다는 사실이다. 이러한 결점은 대나무가 건축을 유지하는 기둥이나 대들보로는 적합하지 않다는 것을 상징한다. 그 결과 대나무는 실내 장식 밖에는 사용할 수 없게 되었다. 살을 갈라서 늘어놓아 벽면에 사용하거나 기둥의 장식에 사용하는 기법은 일본에서 자주 행해졌다. 건물을 떠받치는 기둥이 아니라는 점이 진짜 대숲과는 결정적으로 다른 것 같다. 대숲의 아름다움은 대나무의 강함에 있다. 강하면서도 아름다운 여성의 다리처럼 가늘고 곧으며, 게다가 어떤 강풍에도 견뎌 내면서도 유연한 강함을 가지고 있다. 강하지만 유연하고 또 섬세한 것이 땅속에서부터 연결되고, 대지와 일체가 되어 서로를 지탱하고 있는 것이 대숲의 아름다움이다. 땅속 줄기라는 솜씨 좋은 테크놀로지가 있기 때문에 가느다란 두께와 강함이 양립할 수 있는 것이다. 그러므로 대나무의 아름다움은 어쩌면 흙의 강인함과도 통한다. 오히려 대나무는 나무의 영역에서 다루는 것보다는 흙의 영역으로 다루어야 할 것인지도 모른다. 대나무가 대지와 인연이 끊어진 단순한 장식으로밖에 존재하지 못한다면 우리들은 조금도 감동하지 않을 것이다.

대나무 형틀

⊙

어떻게든 대나무를 장식이 아니라 기둥과 같은 구조로 사용할 수 없을까? 그렇게 생각하는 중에 내 머리만으로는 아무리 해도 지혜가 떠오르지 않던 어느 날, 구조 엔지니어인 나카다(中田) 부부에게 오랫동안 고민하던 문제를 털어놓았다. 그러자 그들은 대나무를 형틀로 사용하여 콘크리트를 부어 넣는 아이디어를 주었다. 힌트가 된 것은 CFT(Concrete Filled Tube)라고 불리는 새로운 건축 기술이었다. 통상의 콘크리트 기둥은 합판으로 형틀을 만들고 그 속에 철근이나 철골을 넣고, 그 다음에 질퍽질퍽한 콘크리트를 부어 굳힌 뒤 형틀을 떼어 내는 방법을 사용한다. 그러나 CFT의 경우는 형틀이 필요없다. 철로 된 파이프 속에 질퍽질퍽한 상태의 콘크리트를 주입하는 것이다. 일반적인 기둥은 안에만 뼈대가 있기 때문에 인간의 신체와 같지만 CFT는 밖의 피부 부분도 꽤 단단하다. 반대의 발상이 만들어 낸 재미있는 기술이다. 이 방식이라면 형틀을 짜거나 떼거나 하는 번거로움이 없다. 형틀은 주로 난요우자이(南洋材)라고 불리는 열대지역에서 값싸게 수입한 목재를 사용하고 있으나, 자원보호라는 측면에서도 CO_2배출이라는 점에서도 큰 문제이다. 그렇지만 CFT라면 형틀도 목재도 불필요해진다. 또한 형틀을 짜거나 떼어 내거나 하는 작업이 없기 때문에 공사 기간도 당연히 짧아진다. 게다가 안과 밖, 양쪽에 뼈대가 있으므로 가느다라면서도 강한 기둥을 만들 수 있다. 일석이조, 일석삼조라고 해도 과언이 아닌 기술이다.

이 첨단 기술을 대나무라는 소박하기 짝이 없는 원시적 재료에 응용할 수만 있다면 꽤나 통쾌할 것 같았다. 다른 공업 기술과 같이 첨단 건축 기술도 앞으로 나아가면 나아갈수록 피가 흐르는 존재와는 인연이 없는 혹은 질감이 없어진 방향으로 일방적으로 질주해 간다. 반면 옛날부터 손끝으로 하는 일을 극구 칭찬하고 향수 어린 찬미를 100년을 하루처럼 되풀이하는 사람들도 있지만, 그것은 술집에서의 설교와 같아서 불평하기에는 세상의 흐름은 조금도 변하지 않는다. 첨단과 야만을 사람들이 상상도 할 수 없는 방식으로 훌륭하게 접합할 수 있다면, 극단적인 분열을 분쇄하는 계기가 될 수 있지 않을까. 차가운 기술적 진보도, 전망도 없는 사람들의 노스탤지어와는 다른 제3의 길을 여는 계기가 되지 않을까. 그렇게 생각하고 CFT 공법을 변형시킨 대나무에 콘크리트를 채우는 CFB(Concrete Filled Bamboo)로의 무모한 도전이 시작되었다.

여기에 두 가지 문제가 예상되었다. 하나는 콘크리트 기둥을 만들 수 있는 굵은 대나무가 존재할지의 여부이고, 또 하나는 모두들 알고 있겠지만 대나무에는 마디가 있어서 마디를 간단히 없앨 수 있을지 하는 문제였다. 그런데 뜻밖에 간단히 이 두 가지 허들을 한번에 넘어 버렸다. 일본에는 맹종죽이라는 대나무가 있다. 이것이라면 지름 30센티미터 정도 굵기의 대나무를 손에 넣을 수 있다. 마디를 없애는 것은 더욱 간단했다. 도구를 만들어 붙인 드릴로 대나무를 깨뜨릴 일 없이 순식간에 마디를 모두 잘라 버린 것이다.

대나무 집

⊙

　대나무 집 제1호가 일본에서 완성되었다. 지름 15센티미터 전후의 대나무를 모아서 그 안에 5센티미터×5센티미터의 단면을 가지는 철제 앵글(L글자형 단면의 철골)을 2개 집어 넣고 콘크리트를 부었다. 이 방식으로 된 기둥은 장식만 있는 '위조된' 바닥이나 기둥과는 맛이 달랐다. 힘을 유지하는 것만이 가지는 늠름함이 느껴졌다. 개인적인 취향이나 향수 때문에 화장하듯이 마감재로 사용된 가냘픈 대나무와는 다른 뼈대의 늠름함이었다.

　CFB 기둥 이외의 부분도 가능한 대나무로 만들기로 했다. 대나무 100개를 일렬로 늘어놓아서 벽을 만들고, 그 안쪽을 유리로 둘러쌓아 실내를 만들었다. 바닥도 대나무로 만든 발을 깔았다. 처음에는 발바닥이 조금 아픈 것 같아서 저항이 느껴졌지만 맨발로 걸으면서 익숙해지는 촉감이 아주 기분 좋았다. 대부분의 건축 소재가 절대로 불평불만이 나올 수 없도록 비닐 크로스나 비닐 바닥 시트와 같이 매끈매끈하고 평활했지만 꺼칠꺼칠한 바닥의 이질감은 꽤나 신선했다. 예전에 인도네시아를 방문했을 때 보았던 '롱 하우스'라고 불리는 가늘고 긴 집은 대나무 따로 엮은 발 위에 사람이 살고 있었다. 1층은 가축이 지내는 공간이었고, 인간의 배설물은 가축의 먹이가 된다. 흙과 동물과 인간의 수직 공간이 의외로 매우 쾌적했다. 새로운 기술이 그 소박한 쾌적함을 가능하게 해 준 셈이다.

    대나무를 사용하면서 처음으로 알게 된 사실은 대나무의 최대 과제가 내구성에 있다는 것이다. 우선 적절한 계절에 산에서 대나무를 잘라 두지 않으면 안 된다. 대나무 속의 당분은 계절에 따라 변화되어 당분이 낮을 때 자르지 않으면 빨리 썩는다. 초봄 죽순이 자랄 때 당분은 최고가 되고, 반대로 가을이 오면 당분이 낮아지므로 그때를 노려서 벌채해야 한다. 자른 뒤에는 기름을 빼는 작업을 한다. 청죽 안에는 여러 가지 미생물이 살고 있어 열을 가해서 그것들을 없애지 않으면 썩는 원인이 된다. 열처리는 크게 열탕으로 데쳐서 기름을 빼는 방법과 불로 굽는 방식, 두 가지가 있다. 비용은 불에 굽는 것이 배 이상 비싸다. 어느 쪽도 푸른 대나무가 노랗게 변색되는 것은 마찬가지이지만, 구우면 미묘하게 타서 검게 눌은 자리가 붙고 대나무가 예리하고 날카로워서 단단해진 것 같은 느낌이 된다. 내구성은 그다지 바뀌지 않으므로 이번에는 기름 빼기 방법을 채용했다.

그레이트 월 코뮌

⊙

대나무 집 제1호가 일본에서 완성되고 어느 정도 시간이 지났다. 그 즈음 중국의 만리장성 바로 밑에 주택을 설계해 달라는 의뢰가 들어왔다. 원래는 골프장을 만들기로 한 대지였다고 했다. 중국 정부의 방침이 바뀌어서 골프장 허가가 불가능하자 장신(張欣)이라는, 당시 37세의 여자 사장이 인솔하는 '레드 스톤'이라는 회사가 토지의 권리를 떠맡게 되었다. 그녀는 친구인 베이징대학 교수 장융허(張永和)에게 이 프로젝트에 관해 상의했다. 이곳은 베이징으로부터 한 시간 이상 떨어진 황무지이다. 나무도 충분히 우거져 있지 못하고 그 부근은 평지가 없이 경사진 땅만 있을 뿐이다. 만리장성은 격렬한 굴곡을 가지고 있다. 그곳에 누가 살 수 있다는 것일까?

장융허와 함께 내린 결론은 이곳이 황무지라는 것이었다. 그러므로 활발하게 활동 중인 아시아의 건축가 12명에게 각각 좋아하는 집을 디자인하게 하고, 그것들을 늘어놓아 버리자는 아이디어를 내었다. 프로젝트의 명칭은 그레이트 월(만리장성) 코뮌(commune)이라고 붙이게 되었다. 공산주의가 유명무실화해 가는 '자본주의' 중국에서, 굳이 코뮌을 노래 부르고, 공산주의를 그립다고 역설적으로 말하는, 조금은 비틀어진 기획이었다.

장융허 자신은 이미 충분히 비틀어져 있었다. 아버지는 모택동 시대의 대건축가로 천안문 광장을 향해 있는 열주가 압도적인 사열대(觀閱台)를 설계했다. 본인은 미국에서 유학하고 휴스턴의 라이스대학에서 교편을 잡은 뒤 북경대학에 교수로 부임해 왔다. 그후 미국의 명문교인 MIT에 초대되어 건축학 부장이 되었다. 미국 대학에서는 아시아의 유학생을 모으기 위해서 아시아계 교원을 장으로 추대하는 사례가 늘어나고 있다.

장신은 미얀마계 소수 민족의 피를 이어받았다. 고등학교를 졸업하고 홍콩에서 공장 직원으로 일하고 있던 어느 날 소꿉친구가 찾아왔다. 친구가 자유롭게 영어를 하는 모습을 보고 그녀는 큰 결심을 하게 된다. 결국 영국으로 유학을 떠나 케임브리지대학을 졸업하고 중국으로 되돌아 왔다. 개발자로서 중국의 생활과 사회를 변혁하는 것이 그녀의 꿈이었다. 이 두 사람이 생각하고 두 사람이 기획하는 '코뮌'은 과연 어떤 것이 될까?

사실은 그들에게 프로젝트를 권유받기 전까지 중국 건축에 대한 나의 인상은 최악이었다. 미국의 80년대풍 버블경제시대의 마천루를 이류처럼 본뜨고 도시를 전부 메꾸어 버린 중국의 건축에서 문화가 결여된 채 돈벌이에 급급한 졸부의 풍경들이 보였기 때문이다. 당시엔 그 쓸쓸한 풍경의 확대 재생산에

가담하는 것은 본국에서는 일거리가 별로 없는 미국의 설계사무소뿐이었다. 그런데 장신과 장융허는 그러한 중국 건축계의 분위기를 무너뜨리고 싶다고 했다. 아시아의 활기찬 건축가들을 모아서 현재의 중국, 현재의 아시아를 세계에 보여 주는 프로젝트를 하고 싶다고, 불이 붙을 만큼 알코올 도수가 높은 술을 한쪽 손에 들고 열정적으로 이야기했다.

그렇게 말하는 것을 들으니 '해 주겠다'가 아니라 '같이 해내자'라는 적극적인 자세가 되었다. 그래서 그쪽으로 보내 버린 것은 만리장성과 대나무 집이 있는 전대 미문의 스케치였다. 대나무는 일본과 중국, 양국 간의 긴 교류의 역사를 상징하기도 한다. 대나무의 본고장인 중국에서 일본의 건축가가 프로젝트를 할 경우, 대나무를 사용하면 안 된다고 하는 말은 어디에도 없다. 오히려 이 프로젝트에 안성맞춤이라고 생각했다. 〈죽림칠현도(竹林七賢圖)〉라는 중국의 고서화도 있다. 도시 중심적인 가치관에 등을 돌린 조금은 꼬인 듯한 칠현은 일부러 대숲으로 도망쳐 들어간다. 야생, 바로 그 자체이면서도 도시적인 세련미를 겸비한 대숲이야말로 칠현이 비꼰 철학에 어울린다. 중국의 도시가 미국풍의 마천루로 오염되어 버릴 것이라면 나도 칠현에게 배워서 대숲에서 희망을 찾아내려고 한 셈이다.

만리장성 방식

⊙

　대지 끝 급사면 위에 전혀 조성하지 않은 날 것의 건축물을 얹어 놓는다는 것이 우리들의 제안이었다. 알다시피 만리장성 부근은 평평한 토지가 어디에도 없는 산악 지대이다. 보통이라면 우선 대지 조성을 해서 평면을 만들고 그 위에 건축물을 짓는 것이 20세기식 개발의 일반적인 방식이다. 어쩌면 고전적인 조각 작품과도 다를 바가 없다. 확실히 이 방식은 조각을 빛나게 한다. 주변의 잡다한 세계에서 떨어져 시원하게 보인다. 20세기의 아방가르드 건축가로 알려진 대건축가 르 코르뷔지에도 미스 반데어로에도 옛날부터 이렇게 '좌대'를 이용한 디자인의 명인이었다.

　그러나 산악 지대에 이런 방법을 적용하면 모처럼 만난 재미있는 지형이 사라져 버린다. 그래서 나는 토지는 될 수 있는 한 만지지 말자고 했다. 반대로 건물의 밑바닥 부분을 구부려서 꾸불꾸불한 지형에 맞추면 좋지 않을까. 이것을 우리들은 '만리장성 방식'이라고 부르기로 했다. 사실은 만리장성도 자연스러운 땅의 모양을 훼손하지 않고 있다. 꾸불꾸불한 지형을 있는 그대로 받아들여 벽을 쌓는 지극히 현실적인 방식이었다. 어쩌면 친환경 방식을 당시의 중국인은 이미 알고 있었는지 모르겠다. 지형에 져주고 자연에도 져준다고 하는 전략이다. 도대체 이런 산악 지대를 전부 조성할 까닭이 무엇이란 말인가?

예상대로 장신과 장융허도 꾸불꾸불 이어지는 대나무 집에 커다란 관심을 나타냈다. 이것이라면 기존의 혐오스러운 건축물들에 비해 극단적으로 다른 발상이라며 재미있어 했다. 초고층 건물들은 흙에서 극단적으로 이탈한 것이며, '만리장성 방식'은 흙으로의 회귀이다.

그런데 아주 중요한 문제는 건설 회사가 떨떠름한 표정으로 이번 프로젝트를 쳐다보지도 않는다는 것이었다. 이런 집은 만들어 본 적이 없다는 등 불쾌하기 짝이 없는 얼굴을 했다. 대나무같이 연약한 소재로 집이 지어질 리 없다는 것이다.

나는 가능성이 있다고 확신하고 그저 대나무 집에 대한 스케치에 몰두하고 있었다. 홍콩과 베이징의 초고층 빌딩의 비계(건축 공사 시 높은 곳에서 일할 수 있도록 설치하는 임시 가설물)는 사실 대나무로 만든다. 60층 건물이든 70층 건물이든 아직도 대나무 비계를 만들어서 작업한다. 일설에 의하면 잠시 철 비계로 바꾸려는 움직임이 있었지만, 철 발판은 지나치게 단단해서 떨어졌을 때 쿠션의 역할을 하지 못한다. 오히려 위험하다고 장인들이 크게 반대해서 결국에는 예전대로 대나무 비계로 돌아갔다는 것이다. 대나무 비계로 초고층 빌딩을 만들고 있는 것을 보았을 때, 저렇게 아름다운 공사 현장은 본 적이 없다고 생각했다. 내 생각엔 대나무 비계가 붙은 채로 그대로 두었다면 홍콩도 베이징도 더욱 매력적인 도시가 되었을 것이다. 어떻게든 대나무 비계와 같은 연하면서도 단순하고, 그러면서도 섬세한 건축을 할 수는 없을 것인가? 대나무 발판의 디테일을 배우면서 대나무 집의 도면을 그려 보았다.

 당연하게도 시작 단계부터 대나무 집은 시공 불가능하다는 말이 나왔다. 비계는 곧 부수고 마는 것이기 때문에 대나무를 사용할 수 있다는 것이다. 영구적인 건축에 대나무같이 약하고 무른 소재를 사용할 까닭이 없다는 것이다. 그렇다고 내가 그저 입 다물고 있을 리가 없다. 일본의 대나무 집 제1호 사진을 보내 버렸다. 일본에서는 이런 아름다운 대나무 집이 보편적으로 만들어지고 있으며, 많은 사람들이 살고 있다고 했다. (사실은 조금도 보편적이지 않다.) 문명 수준이 높은 중국에서, 그리고 더욱이 대나무를 다루는 역사가 긴 중국에서 할 수 없을 리가 없지 않느냐라고 말이다.

 이렇게 대응한 것이 계기가 되어 드디어 건설 회사도 조금씩 마음을 풀기 시작했다. 대나무의 기름 빼기 방법을 가르쳐 주는 것만으로는 불충분하다며 거꾸로 적극적인 제안을 해 왔다. 기름 빼기를 한 뒤에 기름에 대나무를 담가 두면 대나무의 수명이 더욱 오래간다고 했다. 상대에게 뭔가 해 보지 않겠냐는 동기부여를 하고 나니 반대로 적극적인 제안이 되돌아왔다. 이것은 결국, 도전적이었던 이 프로젝트를 성공하게 만드는 열쇠로 작용했다. 기름에 담근 대나무는 일본에서는 본 적이 없는 이상한 다갈색이 되어 버렸지만 이것도 또 하나의 느낌이 될지 모른다고 생각하고 그렇게 해 보기로 했다.

중국에는 중국의 무

⊙

한 장소에서 성공한 디테일과 공법을 다른 장소의 프로젝트에서 되풀이해서 쓰는 것만은 가능하면 피하고 싶다. 건축가에 따라서는 반대로 자신의 상징이 된 디테일과 공법을 사용하는 사람도 있다. '또 이거야?' 할 정도로 사용하는 부류도 있지만 나의 방식은 완전히 반대이다. 어떤 장소라도 같은 건축이 가능해진다면 그것은 맥도날드와 같은 것이라고 생각한다. 20세기의 공업 제품은 그렇게 장소를 무시하고, 장소를 초월하는 것에서 존재 가치를 찾았다. 장소를 극복할 수 있기 때문에 사람들은 공산품과 같은 건축에 안심할 수 있다고 생각한다. 하지만 한편으로 건축은 장소에 밀착한 것이 아니면 안 된다. 같은 무의 씨앗을 심더라도 교토의 흙과 교토의 날씨에서 자라면 일본에서 유명한 교토의 맛있는 무가 된다. 다른 장소에 심었다면 그 미묘한 맛이 나기 어렵다. 그래서 교토의 무가 가치가 있는 것이다. 건축은 공업 제품이라기보다는 처음부터 어쩌면 무에 가까운 존재이며, 그렇게 대지나 날씨와 밀착한 존재일지 모른다.

  그 결과 만리장성의 흙에 자란 대나무 집은 일본의 대나무 집과는 상당히 다른 인상의 것이 되었다. 기름에 담근 대나무는 우선 색부터 달랐다. 지름 6센티미터 전후의 대나무를 12센티미터 피치로 나란히 놓는다는 점은 일본이나 중국이 같다. 그러나 같은 지름인 6센티미터라고 해도 중국 대나무는 일본의 대나무보다 제 각각이며 전혀 고르지가 않았다. 미묘하게 구부러진 것도 많이 섞여 들어왔다. 일본에서는 상품이 될 수 없어서 절대로 현장에서 볼 수 없는 '불량품'이 대부분이었다. 중국의 현장은 '불량품'으로 넘쳐나고 있다. 우리 사무소의 현장 담당은 인도네시아 출신의 '부디'라는 청년이었다. 그는 미안한 표정을 지으며 최초의 샘플들을 보였다. "이렇게 가지런하지 않은 대나무를 시공 회사에서 가지고 왔는데……."라며 난처해하는 것이다. 그러나 나는 반대로 가지런하지 않은 것이 좋을지도 모른다고 생각했다. 거기가 만리장성 산지의 무 맛이 될지도 모른다고 직관했다. 거꾸로 그 점이 마음에 들었던 것이다. 결국 내가 설계한 대나무 집은 다른 건축가들이 설계한 어느 집보다도 싼값으로 완성되었다. 만약 일본에서 행하는 정도의 정밀도를 요구한다면, 일본인은 일본의 기준을 억지로 세계에 요구하는 도량이 좁은 민족이라는 평판만 남았을 것이다. 시공 회사와 장인에게 반감을 주는 결과로 끝나고, 양자에게 싫은 기분만 남았을 것이다. 일본의 무와도 다르고 중국의 무와도 다른, 애매하고 좋지 않은 무만이 남았을 것이다. 그 장소에, 그 자연에

능숙하게 몸을 맡기는 것이 결과적으로는 사람들의 기억에 남을 개성 있는 건축을 만든다. 그렇게 하면 세계가 더욱 풍부하고 다양해질 수밖에 없을 것이다.

부디의 현장

⊙

모처럼 우리 사무실의 직원 '부디' 이야기가 나왔으므로, 그의 활약에 대해서 언급하지 않으면 안 될 것 같다. 사실은 처음에 부디를 만리장성 현장에 파견시키겠다고 하자, 그렇게 먼 현장에 우리 직원을 파견할 필요는 없다고 장신에게 연락이 왔다. 간단한 도면만 보내 주면 그 다음은 중국에서 완성까지 모두 맡아서 해 주기 때문에 쓸데없는 걱정은 하지 말라는 거다. 그리고 현장에도 몇 번이나 올 필요는 없다고 했다. 그러니까 적은 설계료로 해 주기를 바라는 주문이었다.

해외 프로젝트에서는 이런 식의 진행이 대부분이다. 일본의 개발자도 해외의 건축가에게는 대체로 이러한 방식으로 의뢰한다. '간단한 도면만으로도 괜찮습니다.'라는 식으로 우선 설계료를 깎는다. 디테일이나 재료에 대해서 건축가의 귀찮은 요구에도 편하게 지나갈 수 있고, 공사 비용도 싸게 조정할 수 있다. 건축가가 현장에 자주 오시면 자잘한 것까지 지적하게 되고, 그와 함께 변덕스러운 변경이나 불필요한 곳을 수정하게 하거나 해서 공사 비용은 더욱 뛰어오른다. 그런 여러 가지 이유로 '간단한 도면만으로도 좋습니다.'라는 은근하면서도 무례한 방식이 건축 세계에서는 태연히 자행된다.

예상대로 장신에게도 같은 제안을 들었다. 제시된 설계료도 그 방식으로 계산한 싼 금액이었다. 어쨌든 저런 황무지에 아방가르드한 집을 세워서 코뮌을 만든다고 하는 실험적 프로젝트이기 때문에 설계료가 적게 책정된 것까지는 어쩔 수가 없다고 생각했다. 그러나 '간단한 도면'을 건네주는 것만으로 그 다음은 상대에게 맡겨 버리는 방식은 어떻게 해도 납득할 수가 없었다. 건축은 최후의 디테일, 구체적인 소재가 승부가 된다. 그렇게 가장 중요한 것들은 모두 상대에게 맡겨 버린다면 무엇 때문에 애써 설계를 하고 있는 것인가? 제시된 설계료는 나와 직원 두 사람이 비행기로 베이징에 갔다오면 곧 없어져 버릴 만큼의 적은 금액이었다. 하물며 담당자를 현장에 상주하게 하는 일은 꿈도 못 꿀 액수였다. 어떻게 해야 하는지 고민하고 있을 때, 프로젝트 담당인 부디가 하고 싶은 이야기가 있다는 것이다. 부디는 인도네시아문화청의 교환 유학제도로 일본에 온 젊은 건축가이다. 영어를 할 수 있어서 해외 프로젝트의 담당이 되었고 대나무 도면은 그가 중심이 되어서 그렸다. 그는 싼 설계료의 골치 아픈 문제도 익히 알고 있었다. 그런데도 무슨 일이 있어도 베이징에 꼭 가게 해 달라는 것이다. 베이징에 1년간 살면서 현장을 지키고 자신의 눈으로 공사 전부를 체크하게 해달라고 했다. 그러기 위해서 묘안을 찾았다는 것이다. 우선

경비는 외국인 전용의 JR 패스를 가지고 있으므로 무료로 고베까지 갈 수 있다. 거기에서 배를 타고 상해로 가서 상해에서 철도로 베이징까지 간다. 그렇게 한다면 1만 엔 정도의 비용으로 해결되니 베이징까지 돌아 돌아서 가장 싼 비용으로 가겠다는 것이다. 그리고 체류 비용은 하루 500엔의 호텔을 찾았으니 거기에서 숙박하면 한 달에 1만5천 엔, 일 년은 18만 엔으로 살 수 있다는 것이다. 이 금액이라면 어떻게든 사무소 비용으로 지출이 가능하다는 제안이었다.

    실제로 아무리 그렇더라도 사무실로서는 큰 적자이다. 그러나 그가 여기까지 조사해 온 열의에 크게 놀랐다. "좋아, 가게나. 만리장성에 가게나." 이렇게 이야기하지 않을 수 없었다. 사실 그 이후, 부디에게는 대단히 고단한 매일이 기다리고 있었다. 싼 호텔이 문제가 되는 게 아니다. 그는 매일 만리장성행 버스에 타고 정류소에서는 30분이나 걸어서 현장에 다녔다. 그것도 대단하다고 하면 대단한 일이지만 현장에서의 그의 고생에 비교하면 말할 것도 없다. 그에게 최대의 고생은 시공 회사가 그를 계속해서 무시한 것이었다.

현장 건축가

⊙

일본의 종합 건설업이나 시공 회사는 어쩌니 저쩌니 말해도 설계사무소를 위에 놓고 생각한다. 뒤에서는 무엇을 생각하고 있는지 모르지만 설계한 건축가가 현장에 체크하러 오면, 가령 그 사람이 풋내기라도 "선생님, 선생님"이라고 일단은 올려서 말하고, 의견이나 충고를 존중해 준다. 그러나 중국의 건설 회사에는 그러한 습관이 없다. 매일 버스를 타고 오는 인도네시아의 젊은 청년은 철저하게 무시되었다. "자네, 도대체 여기에 왜 있는 건가?"라는 식이다. 그래도 그는 매일 버스를 타고 현장에 다녔다. 그러는 사이 어느 순간부터 현장의 사람들도 조금씩 그가 말하는 것에 귀를 기울이게 되었다. 여기는 이런 식으로 해 주었으면 한다. 여기의 콘크리트는 이 회색으로 칠해 주었으면 한다. 물론 100퍼센트는 아니지만 부디의 생각이 공사에 반영되기 시작했다.

현장에서 건축가가 관여할 수 있을지 없을지는 완성될 무렵이 되면 결과에서 큰 차이가 난다. 의뢰인이 기대하는 '간단한 도면'으로는 결코 전달할 수 없는 혼이 있다는 것을 부디는 대나무 집에서 충분히 보여 주었다. '간단한 도면'만을 남에게 맡겨 버리는 사람은 '혼'이 모자라는 사람이다. 어떠한 유명한 건축가의 작품이라도 '간단한 도면'으로 만든 것은 어딘가 헛탕치는 것과 같은, 어쩐지 무시된 것 같은 느낌밖에 전해지지 않는다. 건축이라는 살아 있는 것에서 틀림없이 전해지는 감동이 없다. 그래서 일본의 개발자들이 해외 건축가에게 청탁해서 만든 것에는 언제나 실망하게 되는 것이다.

    결코 자만하는 이야기는 아니지만 '그레이트 월 코뮌'에 참가한 건축가들 중에서 이런 형태로 직원을 현장에 보내 준 건축가는 나 이외에는 아무도 없었다. 보내 줬다고 하는 것보다도 부디가 스스로 가겠다고 자청하고, 스스로 현장으로 달려가서, 스스로 현장 사람들에게 인정을 받게 된 것이다.

    부디 역시 현장에서 여러 가지를 공부했다. 그 후 부디는 인도네시아로 돌아가, 발리섬에 대나무 호텔을 몇 개나 설계하고 있다. 중국에서는 시도할 수 없었던 대나무의 새로운 디테일을 시도하고 있다. 아크릴과 대나무를 조합시키는 등 그 도전 자세는 조금도 변하지 않았다. 대나무가 일본, 중국, 인도네시아를 하나로 이어가고 있다.

깨지지 않는 대나무

⊙

대나무에 대한 이야기는 여기서 끝이 아니다. 설계 중에 대나무의 특성에 대해서 여러 가지 조사를 하고 있는 동안에 '과두아(Guadua)'라는 이름의 갈라지지 않는 대나무가 있다는 사실을 알게 되었다. 대나무가 건조하면 깨져 버리므로 그 속에 철이나 콘크리트를 채워 넣는 아주 귀찮은 과정이 필요하다. 만약에 깨지지 않는 대나무가 존재한다면, 그대로 기둥이나 대들보에 사용할 수 있다. 보통의 목조와 같이 '대나무조'가 가능해질 것이다.

과두아는 남미산이다. 코스타리카 콜롬비아의 고지에 서식한다. 마약의 생산지, 게릴라의 활동 지역 그리고 과두아의 생산지는 일치한다. 깨지지 않을 뿐만 아니라 살이 두꺼워서 우리들이 보통 사용하는 대나무의 강도보다 배 이상으로 강하다. 대나무와 철의 중간 정도의 강함이 있다고 하는 시험 결과도 있다. 왜 과두아가 깨지지 않느냐 하면 과두아는 대나무의 외피와 내피의 구조가 같기 때문이다. 식물학적으로 말하면 세계의 대나무는 아시아의 대나무, 과두아, '조릿대'라고 불리는 작은 대나무, 이렇게 세 종으로 구별된다. 아시아의 대나무는 외피와 내피의 구조가 다르므로 건조 수축의 정도에 따라 안과 밖에서 벌어지는 차이가 생겨 갈라져 버린다. 그러나 내외가 같은 과두아는 그런 현상이 일어나지 않는다.

구마모토(熊本)의 간장 창고를 보존하면서 증축하는 프로젝트에서 과두아를 써먹을 기회가 왔다. 하마다(浜田) 간장은 에도시대부터 만들어 오고 있어서 창고와 공장 건축은 메이지 초기로 거슬러 올라간다. 중후한 회흙칠 건물의 증축에는 어떤 재료가 어울릴까? 같은 회흙칠을 사용하는 방법도 있다. 과감하게 모던한 디자인을 하고 유리를 붙이는 방법도 있다. 그러나 남쪽의 농후하면서 향기 짙은 간장의 냄새를 맡는 동안에 증축은 무슨 일이 있어도 대나무가 아니면 안 된다는 기분이 들었다. 대나무의 가벼움, 상냥함, 청량감이 간장의 맛을 더욱 돋보이게 할 거라는 확신이 들었다. 이번에 하는 대나무 건축은 어떻게든 과두아로 만들어 보고 싶었다. 남미의 고원에서 자란 강인한 대나무는 간장과 궁합도 딱 맞다고 느꼈기 때문이다. 과두아는 그대로 구조체로 사용할 수 있는 강도이기 때문에, 일본의 목조 건축 기술과 과두아가 하나가 되면, 일본의 건축에 새로운 바람을 불러일으킬 수 있을지 모른다.

어쨌든 대나무는 성장이 매우 빠르다. 무엇보다도 공중의 CO_2를 광합성으로 자기 체내에 축적하는 힘이 매우 강하다. 그것이 공기 중 CO_2를 줄이고, 지구온난화 억제에 공헌할

가능성이 높다. 대나무를 태우거나 썩히거나 하면 모처럼 광합성으로 고정한 CO_2는 다시 공중에 되돌아와 버리지만, 건축 재료로 오랫동안 사용하게 되면 CO_2는 대나무 속에 고정될 것이다. 이렇게 강인한 재료로 대나무 구조 건축이 만들어질 수 있다면 지구온난화 억제에 쓸모 있는 작업이 될 거라는 꿈을 꾸게 되었다. 일본에서는 오랫동안 장식 혹은 표층으로 대나무를 사용했지만, 강하고 환경에 유익한 대나무를 사용한다면 일본의 대나무 문화를 조금씩 바꿀 수 있다는 꿈이 부풀어 올랐다.

야타라 짜기

⊙

그러나 생각보다 장애물이 많았다. 우선 코스타리카와 무역을 하고 있는 무역상사를 찾는 것에서부터 시작되었다. 컨테이너로 과두아를 실어 오게 하고, 실질적인 수입을 준비하는 동안에 여러 가지 새로운 아이디어가 떠오르기 시작했다. 소재라는 것은 사진이나 도면과 달라서 쓰다듬거나 어루만지거나 두드리거나 냄새를 맡아 볼 필요가 있다. 이번 프로젝트의 파트너가 되어 준 구조 엔지니어인 에지리(江尻) 씨도 우선은 실물을 사용한 강도 실험을 하고 싶다고 했다. 일본에서는 아무도 사용한 적 없는 대나무이기 때문에 책에 명기되어 있는 강도가 정말인지 도무지 알 길이 없었다. 컨테이너 세 대 분량의 과두아가 코스타리카에서 보내졌지만 막상 열어 보고는 깜짝 놀랐다. 생각보다 대나무 살이 두꺼워서 강한 느낌이 들었다. 소재가 가지는 질감, 예를 들면 강인함이라든가, 연약함, 거침, 섬세함 등은 사진으로는 전해지지 않는다. 실제 손으로 만져 보았을 때 처음으로 전해지는 '무엇'인 것이다.

너무나 강한 것이 조금은 걱정되었다. 메이지의 창고가 대나무 구조의 강인함에 기가 눌리지는 않을까 하는 걱정이 앞섰다. 간장도 이 정도의 강함은 이길 것 같지 않았다. 무거운

36. 깃코우 짜기

37. 간장 창고를 위한 야타라 짜기의 테스트 장면

38. 간장 창고를 위한 대나무 조인트 테스트 장면

대나무를 한참 동안 손에 들고 고민한 끝에 과두아를 쪼개서
사용하는 아이디어가 번뜩 떠올랐다. 쪼개서 가늘게 만든
대나무를 사용하면 간장 창고와도 균형이 잘 잡힐 것 같은
생각이 들었다. 일부러 문제를 어렵고 복잡하게 해서 자기 목을
조르고 있다는 생각도 들기는 했다. 과두아로 건축물을 만드는
것만으로도 큰 문제인데 그것을 일부러 쪼갠다고 하니까
우리 사무실 직원들도 의뢰인인 하마다(浜田) 씨도 깜짝 놀라
겁에 질린 표정을 지었다. 그러나 여기까지 왔으면 소재에 대한
자신의 직관을 그저 믿는 수밖에 없다.

   대나무를 쪼갠 것을 다시 짜서 바구니와 같은 구조체를
만들고 그것으로 건축을 만들 수는 없을까? 일본의 전통적인
바구니 디테일을 모으고, 어떻게 엮어 내는 방법이 어울릴지
고민했다. '깃코우(龜甲)[36]'로 불리는 규칙적으로 짜맞추는
방법은 조잡한 대나무에 어울리지 않았다. 그러다 문득 머릿속에
떠오르는 방법이 하나 있었다. '야타라(やたら)'라고 불리는
방법으로 길게 쪼갠 대나무를 대충 짠 것처럼 거칠게 짜는
방법이다.[37] 이 방법이라면 대나무 자체가 아무리 조잡하고
치수가 가지런하지 않더라도 전체적인 균형이 잡힐 것 같았다.

   사실 대나무 작업 중에서 가장 어려운 것은 대나무와
대나무의 결합이다. 네모난 재료끼리 조합시키는 일본의 목조

기술과 비교하면 난이도의 차원이 다르다. 쪼갠 것끼리 엮으려고 하니 더욱 어려운 문제가 생겼다. 거칠게 쪼갠 야타라 짜기는 부재와 부재가 접합하는 각도가 일정하지 않아서 기술적으로 더욱 어려워졌다. 자신의 목을 점점 더 세게 조르는 듯한 느낌이 실감이 나고, 주위의 얼굴도 더욱 험하게 느껴졌다. 엮는 부분을 끈으로 세게 졸라 메는 방법도 생각해 보고, 나무조각이나 에폭시 수지를 집어넣고 볼트로 조이는 방법도 시도해 보았지만, 아직 결정적인 해결 방안이라고 말하기는 어려웠다.[38] 그러나 어려우면 어려울수록 한번도 시도해 본 적 없는 방법이 해답이 될 수 있는 법이다. 과거에 반복되었던 것은 언제나 간단한 것이었다. 반복되는 것에 감동은 쉽게 생기지 않는다. 새로운 조합이 새로운 해답을 요구한다. 구마모토의 메이지 창고와 코스타리카의 대나무와 남국의 간장……. 그 조합에서 만리장성과는 전혀 맛이 다른 대나무 건축물이 태어나고 있었다.

民중에 의한 민중을 위한 건축을 만든다고 하는 것이
모더니즘 건축의 슬로건이었다.
모더니즘은 건축을 서민에게 해방시키는 운동이며
'건축의 민주화'였다.
그 꿈의 실현에 가장 적합한 공법은
콘크리트 블록을 쌓아 올리는 것이었다.

6 — 안요지

흙벽의 민주화

39. 안요지 / 2002

⊙

　　시모노세키(下關)에서 약 1시간 북쪽으로 올라가면
도요우라쵸가 있다. 지금은 시모노세키시 도요우라라고
한다. 여기에 안요지(安養寺)라는 절에 헤이안(平安)시대의
중요 문화재인 큰 불상이 있다고 해서 그곳을 방문하게 되었다.
나무로 만들어진 부처로는 일본에서 제일 큰 불상이기 때문에
머릿속으로는 굉장히 큰 것을 상상하고 있었던 것 같다.
그러나 현지에 도착해 보니 단층으로 된 건물이었고, 오래되고
낡은 민가처럼 보이는 절이어서 조금은 맥 빠지는 기분이었다.
정말로 여기에 중요 문화재가 있기는 한 것일까?
　　목조아미타여래좌상. 대불이라고 해도 높이 2.7미터이므로
그다지 거대한 것은 아니지만, 그것이 다다미가 깔린 평범한 방
위에 앉아 있다면 그때는 이야기가 다르다. '과연 크구나.' 하는
느낌이었다. 얼굴도 크고, 손도 크고, 게다가 그것이 큰 나무를
깎아서 만든 것이라 생각하니 매우 따뜻한 느낌이 들었다.
무엇보다도 더욱 따뜻했던 것은 절 주변을 돌아다니면서
발견한 기묘한 흙담이었다. 일본의 흙담에는 두 가지 종류가
있는데, 하나는 목재 기둥과 관을 가운데 넣고 그 위에 진흙을
바르고 굳혀서 상부에 기와 또는 나뭇가지를 올려 놓은 것이다.

40. 안요지 근처에 있는 흙담

또 하나는 기와와 점토를 교대로 반복해서 쌓아 올려 만든 담이다. 그러나 도요우라의 안요지 근처에서 발견한 담은 그 어느 쪽도 아니었다.[40]

흙담

◉

담은 거의 무너지고 있는 상태라서 담 속까지 잘 보였다. 중심에 기둥도 관도 없었으며, 기와를 포개서 쌓은 것도 아니었다. 단순히 흙덩어리의 벽 위에 기와를 올려놓았을 뿐 놀라울 정도로 단순하고 원시적인 담이었다. 게다가 꽤나 두터웠다. 잘 살펴보니 40센티미터에서 50센티미터 정도의 커다란 진흙을 덩어리로 만들어 하나하나 쌓아 올려서 만든 것 같았다. 겹치는 부분의 선을 보고 알 수 있었다.

흙에 관해서 전혀 몰랐던 때 궁금한 것이 생기면 언제나 상의하던 사람이 있었다. 미장이 장인인 구즈미 아키라(久住章) 씨이다. 곧바로 이 두꺼운 담벼락 앞에 서서 구즈미 씨에게 전화를 걸었다. 원래는 아와지섬(淡路島)을 중심으로 일하고 있었지만, 지금은 일본 전국을 누비며 일을 하고 있어서 휴대전화가 아니면 연락할 방법이 없었다. "지금 내 눈앞에 굉장히 이상한 토담이 있는데, 흙으로만 되어 있어……." "그건 햇볕에 말린 벽돌이지요."라는 대답이 바로 나왔다. 일순 귀를 의심했다. 햇볕에 말린 벽돌은 사막에서 많이 쓰는 건축 재료이다. 나무도 자라지 않고 돌도 손에 넣을 수 없기 때문에 사용하는 방식이다. 점토질의 흙을 찾아 풀이나 짚, 물을

41. 아프리카 토고의 햇볕에 말린 벽돌

42. 도요우라, 햇볕에 말린 벽돌을 쌓아서 만든 창고

섞어서 개고 난 뒤에 형태를 만들어 태양에 말리는 것이다.[41] 강도를 더하기 위해서 가축의 배변이나 피를 첨가하는 지방도 있다. 영어로 하면 아도베(adobe)라고 하는데, 미국에서도 푸에블로족(Pueblo, 푸에블로는 그들의 언어로 집이라는 의미)이 아도베 공법으로 집을 만들고 있다. 아메리칸 인디언은 일반적으로 정주(일정한 곳에 자리를 잡고 삶)형의 집을 만들지 않는 사람들이다. 나뭇가지를 엮고 거기에 동물의 가죽을 붙인 텐트와 같은 가설형의 집을 만드는 유목민들이다. 아도베 집에 사는 푸에블로족은 인디언 중에서도 '괴짜'로 취급받곤 했다. 그래서 푸에블로족이라는 별칭으로 불렸다.

건조한 장소의 원시적 공법이 초록이 풍요로운 일본에 어떻게 전해져 온 것일까? 게다가 도요우라에서는 담뿐 아니라 볕에 말린 벽돌을 쌓아 올려서 만든 창고가 몇 개나 현존하고 있었다.[42] 담도 곳간도 흙을 말린 덩어리로 쌓아 올린 단순한 구조인데도 셀 수 없을 만큼 많은 지진이나 태풍에도 잘 견뎌 내어 오늘날까지 여명을 다하고 있었다.

햇볕에 말린 기와

⊙

시가지를 돌아다니면서 집들을 구경하고 사람들과 이야기를 나누는 사이에 볕에 말린 벽돌이 어떻게 일본에 유입된 것인지 알게 되었다. 우선 담도 곳간도 고대부터 전해지고 있는 것은 아니고, 메이지시대의 산물이라는 것이다. 메이지 초기 나라의 쌀 관리가 없었을 때는 거두어 들인 쌀을 자신의 창고에 저장하고, 값이 높아질 때를 기다려 시장에 내다 파는 것이 유행이었다. 그러기 위해서 정원에 곳간을 급조하지 않을 수 없었다. 모두들 정원의 흙을 사용해서 재빠르게 곳간을 만든 것이다. 이것은 나무로 만드는 것보다 훨씬 싸고, 무엇보다도 정원의 흙을 사용했기 때문에 재료비는 공짜였다. 도요우라는 조슈한(長州藩)의 영토였는데 메이지 정부와 구 조슈한이 가까웠던 탓으로 쌀의 매매로 돈을 버는 것이 가능했던 것이 아닐까라는 추측도 있다. 도요우라의 흙의 질이 좋아서 창고나 담의 강도가 확보되는 것이라고 생각하는 사람도 있다. 예전에 일본의 자동차 산업은 엔진을 연마하기 위해서 알맹이 크기가 고른 '도요우라의 흙'을 많이 사용했던 것도 이러한 이유이다. '도요우라의 흙'은 하나의 브랜드이다.

도요우라를 둘러싼 여러 가지 것들을 알기 시작할 무렵,

파리에서 강연할 기회가 생겼다. 아도베 공법을 소개했더니만 청중 가운데 한 사람이 손을 들고 "프랑스에도 비슷한 아도베가 있어요."라고 이야기했다. 프랑스에서는 나폴레옹 전쟁 직후에 아도베가 널리 퍼졌다. 전쟁 때문에 화재로 숲을 잃어버린 사람들이 목재를 구할 길이 없어지자 열악한 환경에서 임시로 사는 집이라도 확보하기 위해 흙을 쌓아 올려 집을 만들었다.

도요우라의 아도베도, 프랑스의 아도베도, 한편으로 보면 고대의 것, 원시적인 공법인 것처럼 보이지만 사실은 근대적 산물이라는 사실이 재미있다. 오늘날이라면 당장 비닐로 천막을 쳤겠지만 예전에는 이런 최악의 상황 속에서 정원의 흙을 사용해서 만든 것이다. 아도베도 궁극적으로는 산지 소비 건축인 셈이다. 아무리 나무나 돌이 없는 장소라 하더라도 땅이 없을 리는 없다. 아무리 싸구려 비닐 천막이라도 어디서나 입수 가능한 것은 아니니, 아도베는 어쩌면 생존을 위한 건축일지도 모른다는 생각이 들었다. 게다가 전문가의 힘을 빌리지 않고 아마추어가 건설할 수 있다는 것이 굉장하지 않은가.

건축의 민주화

⊙

직접 짓는 건축이야말로, 사실은 20세기 모더니즘 건축 운동의 초기에 품었던 꿈 중에 하나였다. 20세기 모더니즘의 커다란 목적은 '건축의 민주화'였다. 19세기 이전의 건축은 지극히 특권적이었다. 특권 계급의 사람이 돈을 내고, 건축 설계의 자격을 가진 특권 계급인 건축가가 설계하고, 고도의 기술을 가지는 시공자가 공사를 한다. 이 세 가지만 보더라도 특권 계층을 위한 활동이라고 할 수 있다. 유럽의 도시에 남아 있는 돌로 만들어진 권위적인 건축물을 보면 20세기 이전의 건축이 얼마나 특권 계층을 위한 것이었는지 상상할 수 있을 것이다. 이런 특성을 거부하고 민중에 의한 민중을 위한 건축을 만든다고 하는 것이 모더니즘 건축의 슬로건이었다. 모더니즘은 건축을 서민에게 해방시키는 운동이며 '건축의 민주화'였다.

그 꿈의 실현에 가장 적합한 공법은 콘크리트 블록을 쌓아 올리는 것이었다. 같은 시기인 20세기에 착안된 새로운 공법인 철골조나 현장에서 타설하는 콘크리트는 전문적인 시공업자가 아니면 공사를 할 수 없다. 그러나 블록을 쌓아 올리는 것은 누구든지 완공할 수 있다.

이 블록 구조에 주목한 이가 바로 프랭크 로이드 라이트이다.

43. 프랭크 로이드 라이트 / 홀리혹 저택 / 1921

44. 프랭크 로이드 라이트 / 에니스 저택 / 1924

그는 로스앤젤레스의 '홀리혹 저택(Hollyhock House)'[43]에서 접시꽃 꽃잎의 복잡한 형태를 만들 때 처음으로 콘크리트 블록을 사용했다. 복잡한 꽃 형태를 하나씩 하나씩 장인이 인두로 지져 가면서 만들게 했다. 몇 년 몇십 년이 걸릴 지 모르고 이런 방법으로 시공하면 시공비도 올라간다. 그래서 고안해 낸 것이 하나의 형틀을 만들고 거기에 시멘트를 부어서 어떤 복잡한 형태라도 대량 생산할 수 있게 만들었다.

그렇게 해서 라이트는 '홀리혹 저택'을 접시꽃 콘크리트 블록으로 전부 메웠다. 그 후 1920년대 로스앤젤레스에서 계획한 세 채의 주택에서는 장식용이 아니고 건축 본체를 유지하는 구조체 재료로서 콘크리트 블록을 적극적으로 사용한다. 블록의 가장자리에 좁고 긴 홈을 파고 거기에 시멘트를 부어서 블록을 접합하는 가장 단순한 공법이다.[44] 라이트는 자랑스럽게 이야기했다. "콘크리트 블록은 가장 싸고 보기 흉한 것이다. 대부분의 경우에 도로의 배수구나 바위 대신에 사용된다. 이 하수구의 쥐로 무엇인가 만들수 있지 않을까."(『프랭크 로이드 라이트 자서전』, 1932)

그러나 라이트는 잠시 후 블록 구조에 흥미를 잃게 된다. 당시 1920년대부터 30년대에 걸쳐 르 코르뷔지에나 미스 반데어로에 등 유럽의 라이벌들이 추구하고 있었던 추상적이고 경쾌한 표현에 비교했을 때, '하수구의 쥐'는 아무리 민주적인 재료라고 하더라도 겉은 옛날부터 있어 왔던 돌 건축과 다를 바 없었기 때문이다. 무거운 데다 '20세기스러운' 물건으로밖에는 보이지 않는다. 표면의 미학이 '어떻게 만들 것인가?'라는 본질적인 논의보다도 우선했다. 그리하여 건축의 민주화라는 커다란 가능성을 숨긴 블록 구조는 결국 '하수구의 쥐'로 방치될 수 밖에는 없었다.

도요우라의 쥐

⊙

한번 버려졌던 '하수구의 쥐'의 복권은 안요지 프로젝트의 커다란 과제였다. 여기에 등장하는 '하수구의 쥐'는 어디에나 있는 쥐와는 다르다. 현장의 흙에 짚을 섞어서 만든 거짓 없는 '현장의 쥐' '고장의 쥐'이다. 그 땅에서 자라고 거기밖에 없는 쥐의 가능성이 어떻게 건축의 힘이 되어 줄지 꼭 시도해 보고 싶었다. 게다가 이 쥐는 보온, 보습 기능까지 가지고 있다. 단순한 콘크리트 블록과는 큰 차이가 있다. 흙을 햇볕에 말리기만 한다고 보온, 보습 기능이 저절로 생기는 것은 아니다. 흙의 입자가 일정한 범위 안에 들어가지 않으면 습도 조절의 기능은 없을 것이다. 교토의 흙 분재에 사용할 수 있는 도치기의 흙은 확실히 이 범위에 들어간다. 운 좋게도 안요지의 흙도 이 허용 범위 안에 들어온다. 만약 이러한 상태라면 공조 설비를 굳이 설치하지 않아도 될런지 모른다. '흙'이라는 공조 설비에 의지하면 좋을 것 같았다. 그렇다면 당연히 전기세도 들지 않는다. 800년 동안이나 공조 설비 없이도 방안에 콕 집어 넣어 두었던 큰 불상이었기 때문에, 오히려 그렇게 하는 것이 더 좋을 것 같았다. 발주자인 문화재청도 우리가 준비한 각양각색의 자료를 검토하더니 "공조 시설 없이 갑시다."라는 결론을 내렸다.

'도요우라의 쥐'는 드디어 조용하게 움직이기 시작한다.

곧 예기치 않았던 커다란 난관에 부딪치게 되었다. 흙 블록을 쌓아 올리는 방식으로는 건축 허가 신청이 나오지 않는다는 것이다. 일본의 건축기준법은 '조적조' 공법을 인정한다. 그러나 이 경우는 돌과 콘크리트 블록, 두 종류의 소재를 사용했을 경우만 조적조로 인정된다. 현장의 흙에 짚을 섞어서 햇볕에 말린 수상쩍은 소재를 사용한 건축에 허가가 나올 까닭이 있겠냐는 것이 행정기관의 지당한 주장이었다.

여기서 해결할 수 있는 길은 둘로 나뉜다. 흙으로 만든 블록을 포기하는 방법이 그 하나이고, 또 하나의 선택 사항은 흙으로 만든 블록을 사용하지만 건축 허가 신청을 통과하기 위해서 절충적인 구조 시스템을 찾아내는 방법이다. 나는 주저하지 않고 두 번째 방법을 선택했다.

여러 가지 시행착오 끝에 콘크리트 구조 프레임의 바깥에 흙으로 만든 블록을 쌓아 올리고 두 가지 구조 시스템을 스틸로 만든 조인트 철물로 결합하는 것이 가장 좋은 해결책이라는 결론을 내렸다. 순수하게 '흙으로 만든 건축'이 아니라 콘크리트와 흙을 병용한 '불순한' 건축이라고 생각할 수도 있다. '자연 소재 원리주의자'는 그렇게 판단할지도 모른다. '그러한 불순한 방식 정도라면 애초부터 흙 따위는 사용하지 않는 쪽이 좋다.'라는 식으로 생각하는 것이 원리주의자의 판단이다.

그러나 우리들은 원리주의를 채용하지 않았다. 사실 원리주의는 건축이라는 현실 세계에는 맞지 않는다. 만약 원리주의자가 주장하는 대로만 하면 이 세상의 건축에 자연 소재는 하나도 남김 없이 사라져 버릴 것이다. 자연 소재는 여러 가지로 약한 점을 가지고 있다. 오늘날 건축 기준에 비교하면 결점투성이이다. 깨지기 쉽고, 썩기 쉽고, 변색이 쉽고, 금이 가기 쉽다. 그 '약함'을 보완하기 위해서 우리들은 지혜를 짜낸다. 때로는 콘크리트나 철의 도움이 필요할 때도 있다. 물론 될 수 있는 한 그런 도움은 받고 싶지 않다. 그러나 그렇게 하는 것으로 자연 소재의 건축을 구할 수 있다면 그 때는 시도해 봐야 한다.

물론 예산 역시 중요한 문제이다. 원리주의자는 아무리 돈을 들여도 순수성이 유지되지 않으면 안 된다고 주장할지 모른다. 그러나 예산의 제약이 없는 건축은 이 세상에 없다. 예산이라는 제약을 통해서 건축은 사회와 연결된다. 사회가 건축에서 무엇을 어떻게 기대하는지 예산이라는 지표로 나타나기도 한다. 사회와 연결되지 않는 건축은 사람들에게 필요치 않는 건축이며, 인간 생활과는 아무런 관계가 없는 건축이다. 무한히 돈을 들여도 좋은 건축 역시 사회와 인간과는 상관없는 가공의 건축이다. 인간과 건축 사이에는 '예산'이라는 존재가 중개하고 있는

것이다. 그러므로 '예산'을 무시해서는 안 된다. '인색한 건축주
때문에 제대로 된 물건을 만들 수 없다.'라고 불평해서는 안 된다.
'예산'의 제약 덕택으로 건축은 건축으로 존재할 수 있다. 예산의
제약 속에서 '약한' 자연 소재를 구해 내기 위한 방책을 찾아내는
소박한 작업이야말로 어쩌면 가장 큰 도전일지 모른다.
그 수고를 애석하게 여기면 '결점투성이'의 자연 소재는
영구히 잃어 버리게 되고, 세상에서 사라져 버리고 말 것이다.
그런 까닭에 법률이라는 제약, 예산이라는 제약과 어떻게든
타협을 하지 않으면 안 된다.

 이렇게 햇볕에 말린 벽돌로 된 커다란 '불상의 집'이
완성되었다. 어찌 보면 원시적으로 보이는 건축 공법에
주지 스님은 여러 가지 경험과 기술을 쏟아부어 주었다.
예를 들어, "비가 튀기 쉬운 땅에서 말린 벽돌 블록에는 시멘트를
조금 섞는 편이 좋지 않을까." 하고 충고해 주었다. 흙만으로
블록을 만들어 말리면 비가 올 때 표면이 녹아내려 버린다고
했다. 원리주의자에게는 시멘트를 섞은 블록이 '불순한' 것으로
자연스럽지 않다고 할지도 모르지만, 그렇게 말하는 사이
비라도 오면 건축물은 흘러가 버린다. 그런 셀 수 없을 정도의
많은 타협으로 자연 소재의 건축 하나를 실현해 낼 수 있었다.

일본 정원은 계속해서 인공은 무엇인가,
자연은 무엇인가를 물었던 것이다.
자연과 인간에 대한 철학적 사고의 산물이
일본 정원이라고 해도 좋다.
말뿐인 철학이 아니라 정원을 통해서
자연을 철학해 왔다고도 말할 수 있다.
우연하게도 기로잔이 그린 종류의 일이 되어 버렸다.

7 — 기로잔전망대

자연과 인간의 경계

45. 기로잔전망대 / 1994

◉

　섬의 길은 좁다. 포장되지 않은 좁은 길을 작은 차로
올라간다. 목적지는 기로잔(亀老山)이라는 기묘한 이름의
산꼭대기이다. 귤밭을 지나고 어두운 숲 속을 지난다.
나뭇가지와 잎에 걸리면서 빠져나가자 겨우 도착한 산꼭대기는
아이러니하게도 밝은 주차장이었다. 원래 산 정상이었던
곳을 싹둑 잘라 아스팔트로 포장한 곳이다. 주위를 살펴보니
세토나이해(瀨戶內海)의 많은 섬이 흩어져 있다. 이 주변은
게이요(芸予) 제도라고 불리는 곳으로, 다도해의 아름다운 풍경이
펼쳐진 곳이다. 기로잔은 그중에서 가장 큰 섬 가운데
하나로 에히메현(愛媛県) 이마바리시(今治市)에 대면하고 있다.
바로 아래 있는 작은 섬을 내려다보니 무라카미(村上) 수군의
성터라는 돌담이 보였지만 인기척은 없었다.
　여기에 마을의 상징인 전망대를 만들어 주지 않겠냐는 것이
동장님의 요구였다. 마을에서 제일 높은 산꼭대기에 도시의
상징을 만드는 것이 그리 놀라운 발상은 아니다. 그러나
아스팔트 위에 탑 모습을 한 전망대가 우뚝 서 있는 풍경을
그려 보니 아무래도 외로워 보일 것 같았다.

산꼭대기 야외 극장

⊙

한 달 정도 시간이 지났다. 내가 생각한 전망대의 모습은 아마도 동장님이 기대하고 있었던 것과 정반대인 것이었다. 그는 모형을 보자마자 '음……' 하고 한숨을 쉬었다. 사실 나는 동장님이 생각한 전망대와는 정반대로 꼭대기가 잘려진 산의 모습을 복원하는 아이디어를 가지고 갔던 것이다. 복원된 산에 트임을 만들어서 전망대를 깊이 파 넣는 것이었다.[46] 이 트임은 지상에서는 거의 보이지 않는다. 그러므로 이 전망대는 보이지 않는 건축이다. 외관도 없고, 형태도 없다. 수목 사이로 땅을

46. 전망대를 땅 속으로 집어 넣은 기로잔 정상

파내어 만든 틈 같은 공간이 있어서 대지에 몸을 포근히 감싸는 느낌이다. 우러러보면 네모난 세토나이해의 푸른 하늘이 있다. 정면에는 하늘로 이어지는 것 같은 계단이 나 있다. 계단 끝까지 오르면 산 위에, 바다 위에 몸이 내던져지는 것 같은 장치이다. 일반 사람들이 상상하는 전망대가 '수컷'과 같은 건축이라면, 이것은 산에 공간을 새겨 넣은 '암컷'과 같은 건축이다.

'암컷'의 체내에는 커다란 계단이 있다. 이곳은 옥외 극장의 객석이기도 하다. 200명이 앉을 수 있게 계단의 치수를 결정했다. 고작 인구 8천 명의 마을에 문화회관 같은 곳은 없다. 연예인이라도 오면 중학교 체육관이 공연 장소가 되곤 했다. 고대 그리스의 원형 극장[47]과 같은 단면 형상을 가지는 계단은 어떤 문화회관에도 뒤지지 않는 극장이라고 설명하고, '보이지 않는 건축'에 아연실색하고 있는 동장님을 바라보았다. '왜 산에 꼭 모뉴먼트가 있어야 합니까?' 하는 식으로 상대를 다그쳐서는 안 된다. 그렇게 되면 상대는 방어적인 태세를 가지게 되고 일은 진행되지 않는 법이다. 상대가 관심을 가질 수 있는 화제를 끌어내고 같은 씨름판에서 마주 보고 서는 것부터 시작해야 한다.

적당한 예로는 그리스의 원형 극장으로 설명이 가능하지만, 로마의 원형 극장[48]과는 비교할 수 없다. 그리스 원형 극장의 대부분은 자연의 지형을 그대로 이용해서 건설되었다. 움푹

47. 아테네의 디오니소스 극장

48. 리비아의 사브라타 극장 / 고대 로마시대

들어간 곳의 밑바닥에 무대가 있고 무대의 뒷편에는 벽이 세워져 있지 않은 공간이 있다. 외부의 자연환경에 활짝 열려 있는 공간이다.

그러나 로마시대가 되면서 극장의 대부분은 자연 경사면을 이용하지 않고 인공적인 건축물을 세움으로써 자연과는 단절된 모습으로 바뀌었다. 무대의 배후에는 마치 궁전과 같은 건축을 세우고, 극장은 외부의 자연과는 단절된 인공적인 건축이 되었다. 로마풍의 극장은 로마 문명의 성향을 상징하고 있다. 모든 길은 로마로 통한다는 슬로건 아래 압도적 물량으로 건설된 도로 정비만 보더라도 로마 건축은 그리스 건축과는 비교가 안 될 정도의 규모와 높이를 자랑한다. 로마제국의 초석을 쌓은 초대 황제 아우구스투스는 다방면에서 업적이 있지만 그중 하나만 손꼽으라고 하면 벽돌로 만들어졌던 로마를 대리석의 로마로 바꾼 것이라고 스스로 말했다. 그는 건축이라는 힘을 거기까지 신뢰하고 있었던 것이다. 이것은 로마의 본질이 '건축적 문명'이었다는 것을 한마디로 훌륭하게 보여 준다. 로마의 토건업적 문명의 연장선 위에, 그리스에서 로마로 전환하는 연장선 위에 유럽의 문명이 쌓여서 발전해 나간 것이며, 게다가 그 위에 20세기의 문명이 쌓여진 것이었다.

그 진화 끝에 우리들을 둘러싸는 상자들, 다시 말해 상자

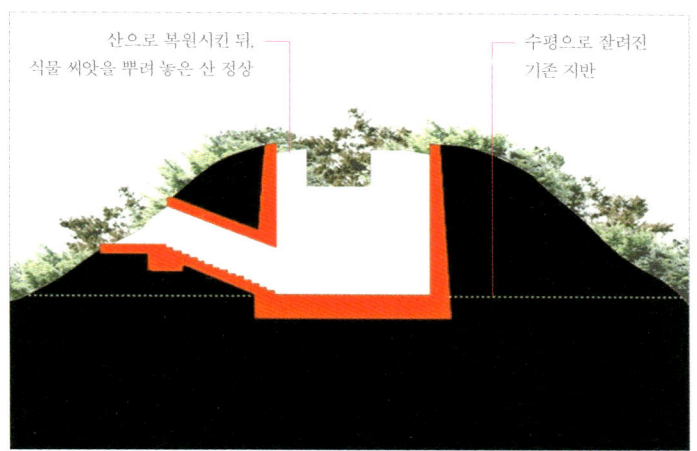

49. 기로잔전망대 단면도 / 1994

같은 건축물들이 발생했다고 한다면, 진화의 방향을 거꾸로 돌리고 싶다는 것이 나의 제안이었다. 그리스의 극장처럼 지형을 재료 삼아 건축을 만들자는 것이다. 시간의 흐름을 역행시켜서 건축을 그리스 혹은 더욱 옛날로 돌아가 평평한 주차장을 원래의 산 그대로의 모습으로 되돌리려고 했다.

    건축의 재료가 무엇이냐고 묻는다면 산이라고 대답하는 것이 정답일 것이다. 산을 재료로 하는 것에서부터 계획은 시작되었다. 평평한 지면 위에 U자형 콘크리트를 치고 그 주변에 흙을 담아 산의 실루엣을 복원해 가는 것이다.[49] 상자도 건축의 주역이다.

콘크리트의 힘을 빌리지 않으면 안 된 것은 유감스럽지만, 이 정도의 흙더미를 버티고 지탱해 줄 옹벽을 만드는 데는 지금으로서는 콘크리트가 최적이라고 생각했다.

기로잔의 토질은 가는 모래다. 화강암이 풍화되어 만들어진 흙으로 모래와 같이 무너지기 쉽다. 태풍이나 큰비가 와서 흘러 버릴까 걱정이었다. 큰비로 콘크리트 옹벽이 노출되어 버리면 '자연스러운 건축' '보이지 않는 건축'은 아무런 의미가 없어져 버린다. 가는 모래 흙 속에 스테인리스로 만든 메쉬를 깔고 그 표면이 흘러 버리지 않도록 나무 씨앗과 비료, 실을 섞은 질척질척한 액체를 흙 위에 뿌렸다. 나무가 뿌리를 내릴 때까지 얽힌 실이 흙 표면을 보호하길 바라는 마음에서였다.

자연은 무엇일까

⊙

자연이라는 것의 정체가 그 깊이를 가늠할 수 없을 정도라면, 모래 흙이 흘러내리는 위험을 막을 기술이 필요한 것처럼 모든 위험을 예상해서 디테일을 고안하고 시공 방법을 선택해야 한다. 반대로 제일 간단하고 위험이 없는 방법은 콘크리트 건축을 맘대로 만든 다음 정원에 수목을 심는 종래의 방식일 것이다. 그렇게 인공물과 자연을 단호하게 분할하면, 자연은 우리들과 관계 없는 장소에서 점잖게 존재할 것이다. 자연과 인공의 경계선을 조금이라도 변경하려고 하면 자연은 생각지도 않은 행동으로 우리에게 다가온다. 가는 모래 흙이 흘러 버려서 산은 끔찍한 대머리산이 되어 버릴지도 모른다. 언제 어떻게 될 것인가를 예상하는 것은 어렵다. 반대로 경계에 착목해서 모든 위험을 고려하고, 경계선을 정성스럽게 디자인할 수만 있다면 자연은 이전에 본 적 없는 생생한 표정을 지어줄 것이다.

차분히 관찰해 보면 일본의 정원은 그러한 경계선의 디자인을 계속 시도해 왔다. 정해진 경계선 속에서 각각의 아름다움을 겨루는 것이 아니고, 경계선을 빼는 방법 자체로 건축에서도, 정원에서도 새로운 세계의 창조와 연결된다는 것을 우리는 잘 이해하고 있었다. 예를 들어 배로 바다나 연못에 다가가는

50. 뵤도인 연못에서 연못과 육지의 경계를 나누는 모습

51. 가쓰라리큐의 가쓰라가키

건축은 후나이리(舟入り)라고 불리는데, 이것은 건축과 수면과의 융합이다. 스하마(州浜)라고 불리는 연못과 육지의 경계 부분에 인공물도 자연물도 아닌 미묘한 디자인[50]을 시도한다. 혹은 가쓰라리큐의 가쓰라가키(桂垣)라고 불리는 경탄할 만한 담 디자인[51]은 살아 있는 대나무를 산 채로 구부리고 엮어서 인공적인 경계를 구성한다.

스하마에서도 가쓰라가키에서도 인공이 무엇인지, 자연은 무엇인지를 원점에서 다시 질문하게 한다.

일본 정원은 새로운 조형을 제시하는 것으로 진화하지는 않았다. 인공과 자연과의 경계선을 끊임없이 되묻는 것으로 진화해 왔다. 다시 말하면 인공은 무엇인가, 자연은 무엇인가를 계속해서 물었던 것이다. 자연과 인간에 대한 철학적 사고의 산물이 일본 정원이라고 해도 좋다. 말뿐인 철학이 아니라 정원을 통해서 자연을 철학해 왔다고도 말할 수 있다. 우연하게도 기로잔이 그런 종류의 일이 되어 버렸다.

준공하는 날

◉

기로잔 프로젝트에서 자연의 처리에 대한 나의 고민은
마지막에 가장 어려운 문제에 부딪치게 되었다. 어떤 일정을
가지고 언제 완성할 것인가 하는 문제였다. 통상의 건축 일정은
앞서 말한 것처럼 '콘크리트의 시간'을 따른다. 콘크리트가
굳는 시간에 따라 준공 날짜를 정하는 것은 쉽다. 그러나
이 프로젝트는 흙을 쌓아 올리고 검은 흙탕물을 뿌린 것 같은
상태이기 때문에 준공했다고 말하기가 매우 어려웠다. 내년
봄 무렵 종자가 싹트면 조금은 더 나아질 것이지만 그래도

52. 기로잔전망대, 진흙과 식물 씨앗을 섞어서 바른 미완성의 풍경 / 1994

완성이라고는 말하기 어렵다. 결국 이 건축물은 형태도 없고 외관도 없기 때문에 관계자들은 준공 날짜가 없어도 좋다는 묘한 납득을 하게 되었다.[52]

　자연은 무엇인가, 인공은 무엇인가를 캐묻는 사이 건축 본연의 자세가 바뀌게 되었다. 그래서인지 뭔가 미안한 기분이 든다. 시간의 정의조차 바뀐다. 시간이 흘러가는 방법조차 바뀐다. '자연은 무엇인가?'라고 묻는 것은 '시간은 무엇인가?'를 묻는 것과 마찬가지이다. '살아 있는 것은 무엇인가?' '죽는 것은 무엇인가?'를 묻는 것과도 연결된다.

원래 일본 집에는 유리처럼 강압적인 재료는 없었다.
그렇다면 이곳에서야말로 오랜 세월 따뜻하게 해 온
일본 종이로 안과 밖을 나누는 건축,
다시 말하면 야만적인지 섬세한 것인지 판별하기 어려운
종이에 도전해 봐야겠다는 쪽으로 마음이 움직였다.

8 — 와시

유연함에 대한 도전

53. 다카야나기, 양(陽)의 농가 / 2000

◉

    에도시대까지는 일본의 옛날 집에 유리가 없었고, 한지와 마찬가지인 일본의 종이 와시로 안과 밖을 나누었다는 사실을 알게 되었을 때는 실로 충격이었다. 일본에서 최초로 판유리 생산을 시작한 것이 1907년의 일로 '최근'이라고 할 수 있다.

    저 얄팍한 종이로 안과 밖을 나누는 섬세한 문명을 한번 더 시도해 볼 수는 없을까? 태풍, 지진, 벼락, 대설 등이 있는 일본에서 한 장의 와시가 건축의 안과 밖을 나눈다! 어쩌면 이 방법은 자연과 사귀는 것을 의미할런지도 모른다. 콘크리트, 철, 유리와 같은 묵직한 소재로 자연으로부터 몸을 지키는 요즘과 달리 유연한 건축, 유연한 문명을 만들고 있었던 건 아닐까. 그 충격 이후에 나는 이러한 것을 한번 더 만들고 싶어 계속 시도하고 있었다.

    니가타(新潟)의 다카야나기마치(高柳町, 현재 가시와자키시(柏崎市) 다카야나기(高柳))의 싸리섬이라고 불리는 촌락은 초가지붕처럼 볏이나 억새풀로 만든 가야부키(萱葺き) 지붕으로 된 민가가 많이 남아 있는 것으로 유명하다. 다카야나기에서도 특히 가야부키 집이 많아서 주말이 되면 전국에서 많은 사진작가나 화가가 모여 들고 삼각대나 이젤이 두렁길에 나란히 서 있는 풍경을 쉽게 볼 수 있다. 그 한복판에 작은 집회소를 설계해 달라고 부탁받았을 때, 처음에는 건축가가 해야 할 일은 아무것도 없다고 생각했다. 주변의 가야부키 집에 맞춰서 평면의 크기를 정하고 나면 그 다음에 할 것이 없을 것이라고 생각한 것이다. 그러나 주변의 가야부키 집에는 유리가 끼워져 있는 것만으로는 충분하지 않았는지 알루미늄 새시까지 끼워져 있었다. 물론 그렇게 하는 것으로 기밀성을 높일 수 있어서 태풍이 와도 안심이 된다고 하는 지당한 이유는 이해가 간다. 그러나 원래 일본 집에는 유리처럼 강압적인 재료는 없었다. 그렇다면 이 곳에서야말로 오랜 세월 따뜻하게 해 온 와시로 안과 밖을 나누는 건축, 다시 말하면 야만적인지 섬세한 것인지 판별하기 어려운 종이에 도전해 봐야겠다는 쪽으로 마음이 움직였다.

고바야시 야스오 씨

⊙

이렇게 말하고는 있지만 싸리섬에서 멀지 않은 마을에 사는 고바야시 야스오(小林康生)라는 수제 와시 장인과 만나지 않았다면 이 도전은 결단코 실행에 옮길 수 없었을 것이다. 지금 일본에서 생산되는 수제 종이는 닥나무를 사용하고 있는데 닥나무의 대부분은 중국이나 태국에서 수입한 것으로 옛날의 닥나무와는 섬유의 길이가 다르고, 촉감도 전혀 다르다. 고바야시 씨는 이러한 차이를 극복하기 위해서 자신의 집 정원에 옛날 닥나무를 심고 그것을 사용해서 종이를 뜨는 복잡한 공정 과정을 고집하고 있었다. 그는 손으로 뜬 일본 종이가 기념품이 아니라 현재형의 기술이라는 것을 나에게 가르쳐 주었다. 불필요하게 과장된 텍스처를 붙이거나 나무껍질과 같은 이물을 떠서 혼합하는 방법으로 와시를 민예로 생각하고 상품가치를 부여하는 것을 그는 별로 좋아하지 않았다. 그렇다면 와시만으로 내외를 구분할 때 발생할 수 있는 단열성, 외풍, 방수성, 방화성, 연기 방지 등 여러 가지 기능적인 문제들을 왠지 해결할 수 있을 것만 같았다. 기대를 가지고 고바야시 씨와 함께 오래된 꿈을 함께 이루어 보기로 했다.

그러나 "유리도 새시도 사용하지 않고 와시만으로 건축을 해 보고 싶어요……."라고 고바야시 씨에게 말을 건네 보니, 그에게서는 "그건 현실적으로 어렵지 않을까요?"라는 차가운 답변만 들었다. "물론 만드는 것뿐이라면 만들 수 있지만……." 잠시 동안 어색한 침묵이 흘렀다. "와시를 붙일 수는 있지만, 분명히 사용자들의 불평불만이 들릴 것이고, 결국엔 와시를 뜯어 버리고 새시나 유리로 바꿔 버리게 되지 않을까요?" 나는 옆에 있던 가스가(春日) 씨에게 도움을 요청했다. 가스가 씨는 다카야나기 출신으로 이 지역에서 행정을 담당하는 과장이었다. 사실 이 프로젝트의 발주자인 셈이다. 그러나 그는 단지 행정적인 일만을 맡는 것은 아니었다. 가스가 씨의 집은 프로젝트의 대상 대지와 매우 가까운 곳에 위치하고 있었다. 거기에 무엇이 지어질지, 남의 일 보듯이 쳐다볼 수만은 없는 입장이었다. 현관 바로 앞에 들어서는 집이 무슨 일이 있어도 가야부키 집이었으면 하는 것이 가스가 씨의 절실한 바람이었으며 결의이기도 했다. 마을에서도 싸리섬에 사는 이웃들 중에서도 가야부키 지붕으로 된 집에 사는 사람들은 많이 있었다. 그 집들은 척 보기에도 케케묵어 보였고, 초기 비용도 많이 들 것 같았다. 이삼십 년 지나고 나면 썩어 버리는 가야부키 건축을 만드는 것은 세금 낭비일 뿐만 아니라 경제 감각도 없고, 세상 물정에 어두운 유치한 로맨티스트라고 생각할 게 뻔했다.

하지만 가스가 씨는 거꾸로 '다카야나기에게 가야부키뿐 아니라 무엇을 남길 것인가?'라는 질문을 던졌다. 함석 지붕과 새로운 건축 재료로 만든 집이 나란히 서 있는 다카야나기의 풍경은 도시에 사는 사람들 입장에서도, 이곳에 사는 사람들 입장에서도 아무런 매력이 없다는 확신이 있었다. 가야부키야말로 다카야나기의 자랑이자 목숨이고, 그 자랑거리를 잃으면 안 된다며 계속해서 싸워 왔던 것이다.

와시로 만드는 건축이라는 무모한 아이디어에 드디어 가스가 씨가 찬성해 주었다. 마을의 실태를 누구보다도 잘 알고 있는 그가 찬성해 주면 모든 것이 잘 될 수 있을 것이라고 확신했다. 디자이너가 아무리 열정을 가지고 일을 한다고 해도 발주자 혹은 건축주와 열정을 공유하지 않으면 그 프로젝트는 결국에 잘 되지 않는다. 와시로 된 연약하고 부드러운 건축을 만든다고 하는 나의 아이디어에 가스가 씨가 공감해 주었을 때 이 프로젝트는 성공할 거라고 확신했다.

감즙과 곤약

◉

　나와 가스가 씨, 우리 두 사람은 열정을 가지고 고바야시 씨를 설득하기 시작했다. 결국엔 고바야시 씨도 두 손을 들었다. "도쿄의 현장이라면 절대로 하지 않았겠지만, …… 여기는 집 부근이고, 몇 번의 시행착오를 거듭하더라도 바로 와서 작업할 수 있는 거리니까……." 중얼중얼거리던 그는 다음과 같이 소리쳤다. "그렇다면, 감즙과 곤약이다!" 마음을 돌리고 나니 다음에서 다음으로 고바야시 씨의 머릿속에서 아이디어가 넘쳐 나온다. "곤약? 먹는 거 말이지요?"라고 되물었다. 떫은 감을 칠하면 종이의 강도가 강해진다는 이야기는 익히 들어 알고 있었지만, 곤약의 효능은 몰랐다. 곤약을 끓인 물을 질척질척하게 풀어서 솔로 살살 바른다는 것이다. 이렇게 살살 다루지 않으면 와시를 문지르는 동안에 보풀이 일어나 끝이 너덜너덜해져 버린다. 다카야나기는 대설 지대이므로 겨울이 되면 3-4미터 되는 무겁고 습기찬 혼슈(本州)의 눈이 쌓인다. 그때는 종이만으로 눈의 무게를 전부 지탱할 수 없기 때문에 와시의 외측에 나무판을 세울 필요가 있다. 덧판이라고 불리는 이 방법은 이 지역에서 옛날부터 전해 내려오는 지혜의 기술이다. 그러나 겨울 말고라도 옆에서 들이치는 비나 태풍은 있을 것이다. 그때는 덧판 없이

한 장의 와시가 빗방울로부터 건축물을 책임져야 한다. 곤약과 감즙, 두 가지 요술 같은 힘에 기대는 수밖에 없었다. 커피로 실험을 해 보았다. 곤약과 감즙의 효과는 적중했다. 곤약도 감즙도 먹기 위해서만 존재하는 것은 아니었다.

"이 방식은 사실 제2차 세계 대전 중에 미국 본토를 공격하기 위해서 일본에서 고안했던 풍선폭탄이라는 병기(직경 10미터의 종이로 만든 공 같은 형태 안에 폭탄을 넣어서 편서풍에 띄어 보냈던 풍선)에 사용되었던 방법이에요."라고 고바야시 씨가 설명해 주었다. 2차 세계 대전 중에 풍선폭탄이라고 하는 터무니없는 병기가 있었다는 이야기는 익히 들었다. 그런 것은 적의 상륙에 대비해 준비된 대나무 칼과 같아서 일종의 자포자기하는 광기의 산물이 틀림없다고 생각하고 있었다. 그러나 꼼꼼히 조사해 보니 풍선폭탄은 놀라울 정도로 면밀하게 고안된, 당시로서는 최첨단이라고도 말할 수 있는 과학적 병기였다. 2차 세계 대전의 종반 일본에는 비닐 등의 수지를 사용해서 풍선을 만드는 데에 필요한 석유도 돈도 없었다. 그러나 전국의 와시 생산지를 전부 동원해 와시로 풍선을 만들 수 있었다. 최종적으로는 4만 발의 풍선폭탄이 미국을 향해 쏘아 올려졌다. 그 중에서 600발이 태평양을 넘었고 미국인 여섯 명의 목숨을 앗아갔다. 병기 전문가의 분석에 따르면 이러한 종류의 무차별 공격용

병기로서는 놀라울 정도로 높은 확률이었다. 대나무 칼 정도가
아니었다. 당시 일본의 기류 분석 기술은 세계 제일이었으며, 일본
종이를 감즙과 곤약으로 강화하는 기술도 완벽했다. 그 결과
미국을 떨게 할 병기가 완성된 것이다. 사실 미국은 엄격하게
보도를 규제해서 이 병기의 피해를 신문, 텔레비전, 라디오에 전혀
보도하지 않았다. 미국은 건국 이래 처음으로 본토에 직접적인
공격을 받은 것이었으며, 게다가 어린이를 포함한 민간인이
무차별 살상될 가능성이 밝혀지면 국민들 사이에 큰 불안이 퍼질
가능성이 있었기 때문이다.

풍선폭탄과 원자폭탄

◉

손가락을 찌르면 간단히 찢어질 정도로 약한 종이가
원자폭탄을 만들 정도의 기술과 경제력을 가진 대국을 부들부들
떨게 했다. 다카야나기의 작은 프로젝트도 그 덕을 보고 싶었다.
점점 더 힘이 샘솟았다.

다카야나기의 사람들이 가야부키 집이 적당한지 아닌지를
무릎을 맞대고 진지하게 고민하고 있는 사이, 도쿄에서는 초고층
빌딩이 마구 건설되고 있다. 첨단 기술과 경제력이 하나의 목적을
위하여 결집되고 놀라울 정도의 단기간에 200‒300미터도 넘는
높이의 초고층 빌딩이 건설된다. 단순한 목적만 있으면 사람과
돈을 투입해서 단기간에 몇 백 미터의 탑을 만드는 것은
말할 나위도 없다. 시대에 뒤쳐지는 가야부키로 번쩍번쩍한
초고층 빌딩에 대항하는 것은 불가능한 일이라 느껴진다.
그러나 풍선폭탄도 있겠다, 전국의 일본 종이 산지에서
장인 한 사람, 한 사람의 손으로 만든 종이가 모아졌다. 이것은
큰 힘이 되었다. 어디에선가 날아 오는 추접스러운 얇은 종이로
된 풍선이 원자폭탄의 나라를 무서워하게 했다. 다시 감즙과
곤약의 힘을 빌려서 그와 같은 대역전을 할 수 있으면 얼마나
좋을까. 풍선폭탄 이야기를 듣고 우리들의 마음은 점점 더

부풀어 올랐다.

    감즙과 곤약을 칠하는 것으로 모든 것이 해결되는 것은 아니다. 방범, 단열, 방화, 방연 등의 문제는 여전히 남는다. 방범을 위해서는 종이를 찢고 간단히 침입할 수 없도록 미닫이의 나무 뼈대를 굵게 하고 간격도 촘촘하게 바꾸었다. 담배로 쉽게 불이 나면 큰일이므로 커튼의 방연 가공 전문 회사와 협동으로 종이에 방화, 방연 가공을 시행했다. 단열을 위해서는 일본 종이를 두 겹 붙이고 그 사이에 열전도를 차단하는 공기층을 만들었다. 테두리와 테두리가 겹치는 조인트 부분에는 모두 모(毛)를 넣어서 틈새로 바람이 들어가기 어렵게 장치했다. 물론 이런 것이 대기업에 의해 고안되고 생산되는 알루미늄 새시의 디테일과 비교하면 허점이 많고 단열 성능은 현저히 떨어진다. 그렇지만 할 수 있는 것들은 최대한 해 본다는 것이 나의 방침이다. 자연 소재이기 때문에 생기는 문제점들을 시도해 보지도 않고, 당연하다고 한다면 아무런 발전도 없다. 이쪽이 정색해 버리면 저쪽도 정색하고, 서로의 주장은 마구 빗나간다. 그 결과 주장은 엇갈리고 아무것도 실현되지 않는다. 무모한 대립을 피하기 위해서 가장 중요한 것은 서로 정색하지 않는 것이다. 서로 상대의 주장을 인정하고 이쪽에서도 할 수 있는 것은 최선을 다한다. 그러한 끈질김이 없으면 자연 소재가

54. 다카야나기, 양의 농가 / 2000

건축에 부활하는 일은 두 번 다시 없을 것이다. 전원이 정색하고 나서지 않은 탓에 다카야나기에서는 와시의 건축이 실현된 것이다. 바닥에도 벽 위에도 와시를 붙이고 건물 안으로 들어가면 와시가 몸 전체를 감싸고 있는 것 같은 착각이 든다. 콘크리트 건축이라도 알루미늄 새시 건축이라도 절대로 맛볼 수 없는 편안함이 그곳에는 있다.[54]

풍선폭탄에서 나온 편지

⊙

풍선폭탄에는 여담이 있다. 건축물이 다 완성되고나서 신문에 작은 칼럼을 썼다. 풍선폭탄의 기술을 사용하고, 니가타 산 속에 작은 가야부키 집을 설계했다는 이야기였다. 얼마 지나지 않아서 아니 거의 동시에 두 통의 엽서가 왔다. 대부분 같은 내용이었다. "나는 전쟁 중에 실제로 풍선폭탄을 제작했습니다. 기사를 읽고 옛날 일이 생각나서 편지를 쓴다는 것이 조금 늦어졌습니다."라는 내용이었다. 어느 사이에 일본은 원자폭탄을 만드는 최고 기술의 나라가 되었다. 풍선폭탄은 그저 옛날 이야기라고만 생각하고 있었다. 그러나 그리 옛날 이야기가 아니었다. 조금 전까지만 해도 풍선폭탄을 만들던 나라였던 것이다. 이 소박한 대지로부터 풍선폭탄을 만들어 내는 기술과 힘이 나라의 여기저기에 넘치고 있었던 것이다. 한번 더 그 힘을 불러일으키고 싶다. 대지와 인간과의 관계를 회복하고 싶었다. 두 통의 엽서가 나에게는 큰 힘이 되었다.

산토리 미술관의 와시로 만든 벽

⊙

또 하나의 여담이 있다. 다카야나기 건물이 준공되고 얼마 지나지 않아서 도쿄 미드타운 프로젝트에 참여하게 되었다. 대지는 10만 제곱미터이고 한복판에 우뚝 솟은 초고층 빌딩은 54층 건물로 높이는 248미터이다. 앞서 말한 식으로 말하자면, 시대의 최전방에서 결집한 원자폭탄의 건축이다. 나는 그 속에 있는 산토리 미술관 설계를 부탁받았다. 이런 '원자폭탄'의 프로젝트 진행 속도는 놀랄 만큼 빠르다. 프로젝트에 투입되는 금액이 막대하기 때문에 하루라도 완성이 늦어지면 금리만 하더라도 어마어마한 숫자가 된다. 설계에서도 시공에서도 스케줄이 최우선된다. 그러한 조건에서는 실제로 새로운 소재를 사용하거나, 해 본 적 없는 디테일에 도전하는 것이 지극히 어렵다. 새로운 것을 실험하기 위해서는 당연히 도면 단계에서부터 검토하는 시간이 걸리고, 도면은 어떻게든 그려 나간다고 하더라도, 테스트를 해 보고 내구성 등을 실험해 보지 않으면 불안하다. 새로운 디테일을 제안하는 등의 그런 느긋한 것은 기대할 수 없다. 평범한 소재로 우선 일정을 잡지 않으면 안 된다. 그 때문에 이러한 종류의 '원자폭탄' 건축은 '도시의 최첨단' '시대의 최고봉'을 칭송하는 비교적 지루하고 시시한,

어디에선가 본 적 있는 것 같은 종합선물세트같이 되어 버린다.

모처럼 도쿄의 한복판에 모두가 주목하는 건축을 하는데도 그런 '어른스러운' 방식을 따라하는 것은 시시하다. 그런 생각에서 산토리 미술관은 재료도 디테일도 내가 할 수 있는 모든 저항을 시도했다. 엄청난 일정의 압박에도 빠듯하게 계속해서 도전했다. 가장 큰 도전은 고바야시 씨의 일본 종이를 커다란 벽면에 사용하는 것이었다.

이 정도의 큰 프로젝트에 자연 소재를 사용한다는 것부터 심상치 않은 일이었다. '어른스러운' 상식이 빠져 있는 것이다. 자연 소재는 색이 바뀌거나 상처가 나기 쉽다. 그렇기 때문에 소재의 따뜻함이 있고 나름대로의 멋이 있는 것이지만, 거대 시설을 관리하는 측에서는 변색이나 상처에 의한 배상 청구가 무엇보다 문제가 된다. 나무를 사용하는 것처럼 보이는 곳에서도 실제로는 나무 모양을 프린트한 플라스틱제 필름을 사용한다. 그것이 '어른스러운' 선택인 것이다.

하물며 손으로 만든 와시는 완전히 문제라는 것이 최초의 반응이었다. "유지 관리는 어떻게?" "공사 기간에 늦진 않을까?" 하는 등의 강박관념이 몸에 밴 질문에 확실한 대답을 주지 않으면 안 된다. 하루에 몇천 명이 방문하는 시설에서 사람들이 신기해하며 와시를 만져서 변색되고 너덜너덜해질 것이라고 하는

55. 산토리 미술관, 아트리움 / 2007

의문에도 해답을 줘야 한다.

    와시를 포기해 버리면 너무나도 간단하고 순조로울 것이라고 몇 번이나 생각했다. 손으로 만든 것처럼 보이지만 사실은 공장에서 대량 생산하고 있는 와시풍의 시트도 있었다. 일부러 재래식으로 해 놓고는 건축이 완성된 이후에도 편안하게 잘 수 없는 밤을 계속해서 보내는 것이 나로서도 어이가 없다고 생각했다. 그러나 여기는 원자폭탄에 대항하고 어떻게든 고바야시 씨의 풍선폭탄을 실현해 보고 싶었다. 저렇게 큰 개발 프로젝트에서도 저런 살인적인 일정에서도 그런 생각을 갖기만 하면 풍선폭탄을 넘어서는 것이 가능할 것이다. 원자폭탄과는 극단적으로 대립하는 개인의 기술과 끈기의 가치를 도쿄의 최첨단 개발 프로젝트 한가운데서 사람들에게 깨닫게 하고 싶었다.

그 때문에 고바야시 씨는 더욱 열심히 해 주었다. 하루에 만들 수 있는 양의 몇 배를 작은 공방에서 모두 손으로 뜬 것이다. 감즙도, 곤약도 사람들을 설득하는 데도 큰 힘이 되어 주었다. 무엇보다도 다카야나기에서는 감즙과 곤약이 바람 부는 날에도 약하디 약한 와시를 굳건히 지키고 있기 때문이다.[55]

와시의 가로 줄무늬

⊙

이야기를 다시 디테일에 관한 것으로 되돌리자. 고바야시 씨는 나무껍질이 검은 것을 조금 더 넣거나 굵은 섬유를 부자연스럽게 섞거나 해서, 괜히 재래 와시에 과장된 텍스처를 붙이는 것을 좋아하지 않는다. 그래서 고바야시 씨가 뜬 일본 종이의 텍스처는 보통의 와시와 조금은 다르다. 언뜻 보면 평범해서 눈에 띄지 않지만, 자세히 보면 가로 줄무늬가 보인다.

쇼와 30년대까지의 수제 와시에는 모두 이 가로 줄무늬가 있었다. 그런데 그 이후, 직접 손으로 뜬 와시에도 이 줄무늬 모양은 사라져 버렸다. 이유는 손으로 뜨는 가장 중요한 도구인 발 만드는 방법이 바뀌었기 때문이다. 이전에 사용했던 발은 가느다란 억새를 사용하고 그것을 말꼬리의 털로 묶어서 만들었다. 그러나 쇼와 30년대 이후의 발은 억새 대신에 대나무를 사용하고 그것을 견사로 묶게 된 것이다. 예전에는 대나무가 비쌌지만 지금은 반대로 억새가 더 비싸다. 대나무 살은 대나무를 인공적으로 가공한 것이기 때문에 치수가 일치한다. 게다가 그것을 견사로 묶기 때문에 대나무 살과 대나무 살 사이의 틈은 작고, 게다가 치수가 같다. 한편 억새는 지름도 각각 다르고 말 털의 굵기도 다르기 때문에, 틈 간격이 보이고 그래서 자세히 보면 가로 줄무늬가 보이는 것이다.

고바야시 씨와 나는 이 가로 줄무늬에 매료되었다. 주의해서 보지 않으면 알아차리기 어려운 것이지만 줄무늬가 있기 때문에 종이의 투명한 정도가 다르게 느껴진다. 가로 줄무늬가 있는 옛날의 수제 와시에는 미묘한 투명감이 있지만 최근에 손으로 뜬 와시는 무겁게 느껴져서 공기가 그 사이로 빠져나가는 것 같은 경쾌함이 느껴지지 않는다.

가로 줄무늬를 만들기 위해서 고바야시 씨는 특별한 발을 만들었다. 발을 만드는 장인에게 부탁해서 만든 것인데 고바야시 씨는 이것에 우지(宇治) 발이라는 애칭을 붙였다. 우지 발로 종이를 뜨면 옛날에 있던 가로 줄무늬가 되살아난다. 일본 공장에서 와시를 뜨면 표면이 반들반들할 거라고 고바야시 씨에게 이야기하다가 갑자기 소름이 돋는 기분이 들었다. 주의를 기울이지 않으면 스쳐 지나가는 차이가 바로 에너지의 가치를 인정할 것인가 인정하지 않을 것인가 하는 문제일 것이다. 다카야나기 프로젝트의 와시에도, 그리고 산토리 미술관의 와시에도 모두 이 가로 줄무늬가 있다.

가장 필요한 것은 가슴을 펴고
100퍼센트 당당할 수 없는 현실을 직시하는 것이다.
그 다음에 문제에 대한 현실적인 해결책을 찾아가는 것이다.
현실적인 인식밖에,
그 겸허함밖에,
건축의 희망은 없다.

결론 — 자연스러운 건축

일본 건축에 대한 시선

⊙

해외에서 실제 프로젝트에 참가하거나 강연을 하다 보면 일본의 건축이나 건축가에 대한 높은 관심에 깜짝 놀라게 된다. 이유에 대해 생각해 보면 단지 단순한 디자인을 좋아하기 때문만은 아닌 것 같다. 일본의 건축은 자연에 대한 배려가 있는 건축이며 자연을 소중히 여기는 건축가라는 평가 혹은 기대감이 그 배경에 있다. 그리스 로마에서 20세기의 모더니즘에 이르기까지 서구를 중심으로 움직여 온 건축 역사의 큰 흐름이 오늘날 도시 문제와 환경 문제를 초래한 것이 아닐까, 일본 건축의 전설이 서구 건축에 대한 안티테제가 될 수 있는 것은 아닐까 하는 식의 생각이 일본 건축에 대한 평가이다. 일본의 건축 디자인이 실제로 지구의 환경 문제 해결에 도움이 될 것이라는 과학적인 기대가 높아지고 있다고 해도 그리 이상하지 않다. 환경 문제가 이 정도로 심각하고 절실한 상황에서 그것을 자연과 건축이라는 미학적이고 애매한 주제로 이야기하면 당연히 만족할 수 없게 된다. 그 결과 과학적인 측면에 관심이 높아져 가는 것은 당연한 흐름이다.

환경 문제와 건축

⊙

실제로 강연 이후에 질의응답 시간을 가지면 그런 과학적 관점에 대한 나의 의견을 묻는 경우가 많다. 예를 들면, "나무를 사용하는 건축은 겉보기에는 좋을지 모르겠지만, 삼림의 벌채라는 측면에서는 아무런 문제가 없습니까?"라는 의문이 그것이다. 이 질문에는 다소 모범생 같은 대답을 하는 것이 보통이다. "목재 자원은 계획적인 벌채와 식목이 가장 중요하며, 그러면 삼림은 최초로 지속 가능한 자원이 됩니다. 반대로 싸다는 이유만으로 외국산 나무를 가져올수록 적자라고 생각합니다. 국내의 나무를 솎아 내는 비용을 들이지 않게 되면 거칠게 방치되고, 그래서 일본의 삼림도 여러 가지 환경 문제를 일으키고 있습니다. 목재는 광합성으로 공기 중의 이산화탄소를 내부에 축적하기 때문에 지구 온난화 억제에도 큰 효과가 있습니다." "같은 나무를 사용했다고 한들 러시아나 미국의 나무를 일본에 들여와서 사용하면 수송할 때 이산화탄소를 배출하므로, 온난화 억제의 효과는 극단적으로 떨어지는 것입니다. 역시 동네 뒷산에 있는 나무가 제일입니다."

와시 건축과 환경 부하

⊙

그 다음으로 자주 받는 질문은 니가타 다카야나기의 와시 건축에 대한 질문이다. "일본 종이는 확실히 연하고 느낌은 좋을지 모르겠지만, 단열성이나 기밀성에서는 어떻습니까? 결과적으로 냉난방 에너지를 낭비하는 건축이 되고 있는 것은 아닙니까?"

한 장의 와시만으로 내부와 외부를 구분 짓는다는 것은 두꺼운 벽으로 된 석조 건축에 익숙해져 있는 서구인의 눈에는 터무니없이 불합리한 것으로 보이는 모양이다. 게다가 그 장소가 3-4미터씩이나 눈이 쌓이는 대설 지대라는 이야기를 듣게 되면 한층 더 충격을 받는다.

이 질문에 대한 답은 그날 기분에 따라 다르다. "저는 계산을 처음부터 믿지 않습니다. 환경에 대한 부하를 계산할 때 환경이라는 프레임을 어떻게 설정할지에 따라 계산의 답은 완전히 달라집니다. 그러므로 환경 문제에서는 어제까지 악이었던 것이 돌연 좋게 평가되거나 어제까지의 선이 돌연 악이 되는 것도 늘 있기 마련입니다. 계산의 프레임을 바꾸는 것으로 계산 결과가 순식간에 정반대로 되는 것이 환경 문제이므로 오늘날의 계산 결과를 쉽게 신용하지 않습니다."라고 답변하는 날도 있다.

　확실히 환경 문제에는 이런 측면도 있기는 하지만 대학 강단에서 학생들을 가르치는 사람으로서의 적합한 대답일까 스스로 자문하기도 한다.

환경 기술과 문화

⊙

좀 더 상냥하고 친절한 기분이 드는 날에는 라이프스타일의 문화적인 차이를 사용해서 설명을 시도한다. "처음부터 일본과 서구는 신체의 쾌적함에 대한 정의가 다릅니다. 구미에서는 방 공기의 온도만으로 쾌적함을 정의하려고 합니다. 추운 날에는 방 전체의 실온을 올리려고 하기 때문에 와시 건축에서 보면 난방비가 많이 나오고, 그래서 결국 에너지 낭비라는 결론이 날 수 있지요. 그러나 일본에서는 그런 식으로 방 전체를 난방하지 않는 방식이 얼마든지 있습니다.

예를 들면 고타츠(낮은 테이블 밑에 전열기구를 붙이고 이불을 덮어서 사용하는 기구)라고 불리는 기구가 있어서 이부자리에 부착된 작은 테이블에 끼워 놓으면 발과 다리 부분이 따뜻해지고 실온이 조금 낮아도 매우 쾌적합니다. 고온을 높게 유지할 필요도 전혀 없습니다. 오히려 실온이 조금 낮은 쪽이 머리는 산뜻하고 몸은 따뜻해져서 쾌적합니다.

그런 옛날부터 전해 온 일본 생활의 지혜를, 나는 한번 더 다시 보고 싶다는 생각입니다. 와시 건축도 서구의 실온 제일주의로 평가하면 에너지 소비형일 수 있지만, 그러한 획일적인 평가 방법은 각각의 문화가 가지고 있는 독특한 환경 기술을 부정하고 세계를 획일화하는 것이라고 생각합니다."
이렇게 설명하기는 했지만 요즘 일본에도 계속해서 난방을 틀고 있는 틈투성이의 집들이 많기 때문에 그리 단순하고 당당하게 설득하기에는 어려운 것도 사실이다.

플라스틱은 나쁜 소재일까

⊙

세 번째로 많이 받는 질문은 자연 소재의 이용에 관한 것이다. 이 책에서 소개한 작품처럼 나무, 돌, 종이와 같은 자연 소재를 사용하는 데에 불만이 있는 사람은 별로 없다. 그러나 나는 때때로 플라스틱을 사용한 건축도 설계하고 있다. "나무나 돌로 만든 건축은 매우 흥미롭지만 플라스틱을 사용한 건축은 왜 만드는 것입니까?"라고 의문을 표현하는 사람도 가끔 있다. 그러면 나는 "자연 소재와 인공 소재의 경계라는 것은 정말로 명확히 할 수 있는 것일까요? 플라스틱조차 원래는 생물의 시체이기도 하고, 자연과 인공 사이에서 확실하게 선을 긋고 한 쪽은 좋다, 다른 쪽은 나쁘다라고 말하는 것은 서구의 이항대립적 사고법이라고 생각합니다. 나는 그런 것을 넘는 건축을 하고 싶습니다."라고 대답하는 날도 있다.

또 다른 날에는 플라스틱으로 만든 프로젝트에 관해서 정성스럽게 설명하기도 한다. 예를 들면, 프랑크푸르트의 디자인 박물관의 정원에 티 하우스(Tea House) 설계를 의뢰받았을 때 '테나라(Tenara)'라는 폴리에스테르계의 신소재를 사용한 공기막을 사용했다.[56] 처음에는 흙벽으로 할까, 와시로 만들까, 대나무로 만들까 고민하고 있었는데, 그때 박물관의 슈나이더

관장은 "독일은 일본이 아니에요."라고 주의를 주었다. "그런 부드러운 소재로 만들면, 독일이라면 하룻밤에 너덜너덜해질 거에요."라고 말하는 것이다. "그렇다고 콘크리트로 만들 수는 없지 않을까요?"라며 정색이라도 하고 싶었지만 꾹 참고 사용할 때만 공기를 주입해서 부풀어 오르는 티 하우스를 제안했다.[57] 사용하지 않을 때는 시든 것처럼 축 처져서 수납이 되므로 독일의 난폭한 패거리가 보더라도 부숴질 걱정은 없는 것이다.

    그렇게 부풀어 오르거나 시들게 하는 건축을 만들기 위해서 테나라는 최적이었다. 확실히 석유계의 소재라고 하는 점에서는 마음이 당당하지는 않았지만, 공기를 이용한 부드러운 움직임은 원래부터 단단해서 꿈쩍도 안 하는 건축과는 맛이 달랐고, 오히려 생물에 가까운 인상의 것이 되었다. 프랭크 로이드 라이트는 유기적 건축을 외쳤지만 그의 유기적 건축도 곡면으로 되어 있거나 외부와 내부와의 경계가 애매하지만 건축 자체가 생물과 같이 움직이는 것은 없었다. 막의 내부에서 차를 마시면 생물의 내장에 삼켜진 것 같은 불가사의한 기분이 드는 것이다. 거의 같은 시기에 형상기억합금이라는 특수한 금속을 사용하여 온도의 변화에 따라 형을 바꾸는 건축을 시작했지만,[58] 이것도 재료는 금속이었기 때문에 자연 소재를 부르짖는 원리주의자의 입장에서 보면 불순한 건축이 되어 버릴지도 모르겠다.

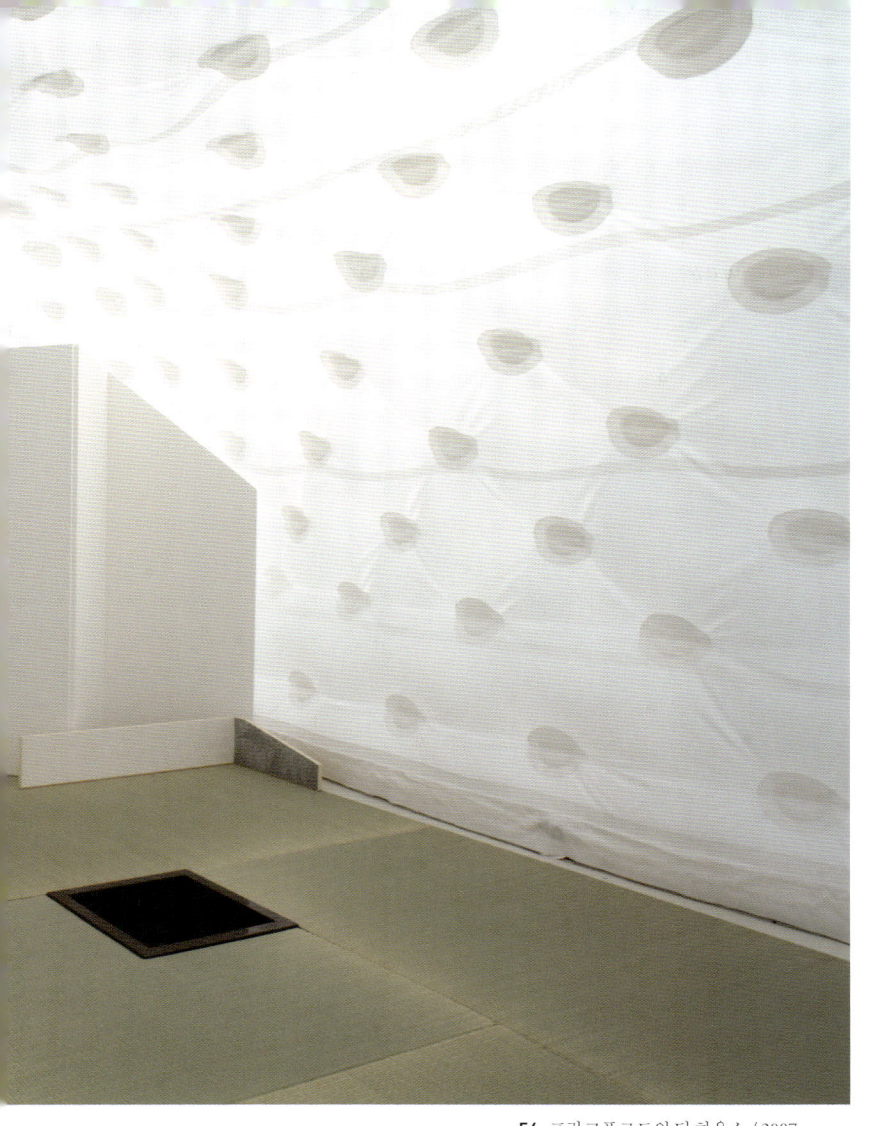

56. 프랑크푸르트의 티 하우스 / 2007

57. 공기를 집어넣고 있는 티 하우스 / 2007

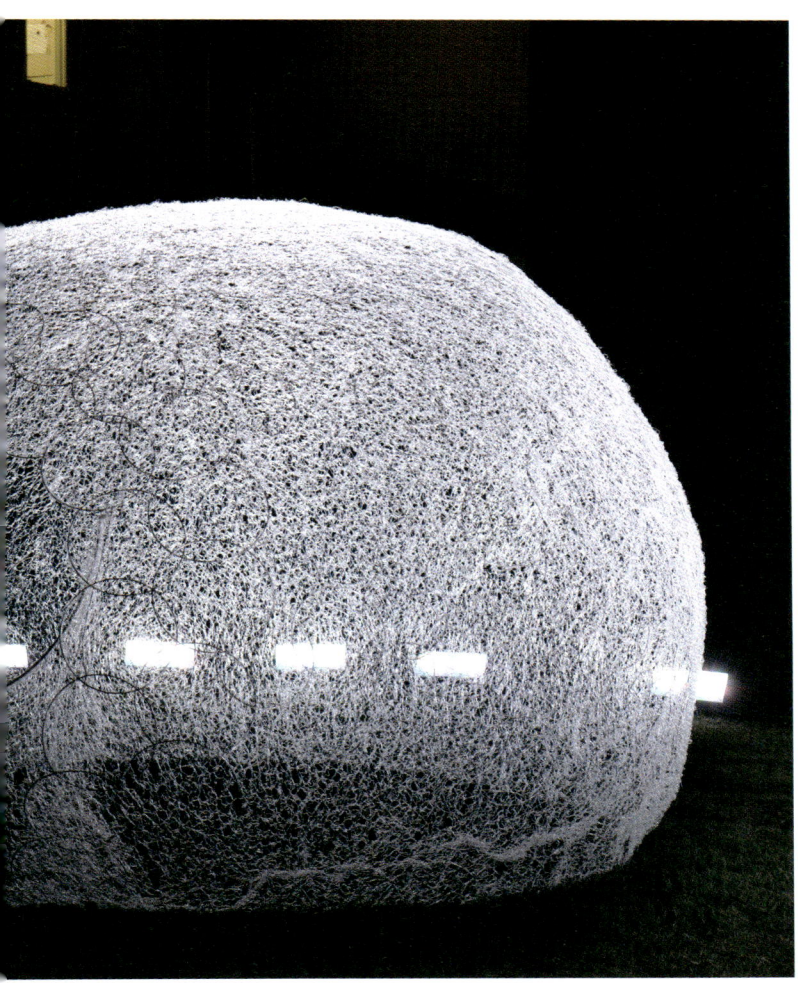

58. 형상기억합금으로 만든 온도에 따라 형태를 기억하는 파빌리온 K×K / 2005

결론

MOMA의 워터 블록

⊙

뉴욕의 현대미술관(MOMA)에서 의뢰가 왔다. '하우스 딜리버리(House Delivery)'라는 이상스런 이름의 전시회에 출품하게 된 워터 블록도 플라스틱으로 되어 있다는 점에서 비슷한 질문을 받는 경우가 많다. 사실 워터 블록은 오랜 시간 동안 생각해 왔던 것이다. 시모노세키의 안요지에 사용했던 햇볕에 말린 벽돌에 대해 언급했던 것과 같이 나는 건축가가 아닌 누구라도 자신의 힘으로 쌓아 올릴 수 있는 블록에 처음부터 관심이 있었다. 큰 기계에 의지하지 않아도, 큰 기업에 부탁하지 않아도, 자신의 힘으로 자신의 공간, 자신의 건축을 만들 수 있다면 건축의 세계는 더욱 건강하고 민주적인 세계가 될 것이라는 어린애 같은 꿈을 쭉 품고 있었던 것이다.

그러나 볕에 말린 벽돌은 조금 무거운 것이 한계였다. 실제로 한 사람이 만들기에는 무리가 있다. 지진으로 쓰러지게 되면 부상의 위험도 있다. 좀 더 가벼워서 취급하기 쉬운 블록은 없을까 하고 찾고 있을 무렵에 도로 공사 현장에서 기묘한 형태의 폴리에틸렌 탱크를 보게 되었다.[59] 공사장의 침입을 막기 위한 탱크였다. 잘 보니 탱크에는 물이 채워져 있었다. 빈 탱크 상태로 현장에 반입되었다가 나중에 물이 주입된다. 그렇게 하면

59. 공사 현장에서 물을 집어 넣어서 바리케이트로 사용하는 폴리에틸렌 탱크

강한 바람이 불어도 날아가지 않는 바리케이드가 된다.

이 아이디어를 건축에 적용하면 벽돌의 블록과는 비교가 안 될 만큼 유연하고 민주적인 건축 시스템을 만들 수 있다. 그렇게 생각하고 어린이용 장난감인 레고를 크게 확대한 폴리에틸렌 탱크를 만들어 보기 시작했다.[60] 조합의 원리는 레고와 같기 때문에 하나씩 쌓아 올려 가는 것으로 높은 벽을 만들 수 있다. 아래 쪽 블록에 물을 넣어서 무겁게 하면 안정된 건축이 되는 것이다.

그러나 레고를 닮은 시스템으로는 지붕을 가설하는 것이

어렵다는 사실을 알게 되었다. 조금씩 옆으로 삐져나오게 해서 아치와 같이 지붕을 올려놓는 것이 가능하다면 이 블록은 벽만이 아니라 지붕까지 씌울 수 있다. 이렇게 하면 레고형이 아니고 좀 더 긴 봉과 같은 형태가 적합하다는 것을 알게 되었다.[61,62,63]

가늘고 긴 봉과 닮아 있어 워터 블록 브랜치(물 배수구)라고 명명했다. 블록의 양다리에 밸브를 달면 블록 자체가 액체를 흘리기 위한 파이프가 된다는 사실도 알게 되었다. 거기에 냉수를 흘려보내면 바닥과 벽의 냉방을 할 수 있다. 새로운 워터 블록은 마치 생물의 세포와 같이 유연한 것이다. 파이프라는 결정된 역할밖에 달성할 수 없었던 건축 재료와는 크게 달랐다. 자연이 가지고 있는 유연성에 가깝다는 생각이 들었다.

그래도 석유로 만든 재료라는 점이 마음에 걸렸다. 강연회에서 블록을 설명하고도 그것을 추궁하는 이야기를 듣게 되면 조금은 약해진다. 그러나 애당초 100퍼센트 마음이 당당해지는 완벽한 건축이 있을까? 생산의 과정에서 그리고 수송이나 조립의 과정에서 모든 건축 소재는 어떠한 형태로든 환경을 파괴하고 자연을 부수고 있다. 100퍼센트 당당한 소재가 있다면 그것이야말로 가장 신뢰할 수 없는 것일지도 모른다.

가장 필요한 것은 가슴을 펴고 100퍼센트 당당할 수 없는 현실을 직시하는 것이다. 그 다음에 문제에 대한 현실적인

60. 레고 형태의 워터 블록 / 2004

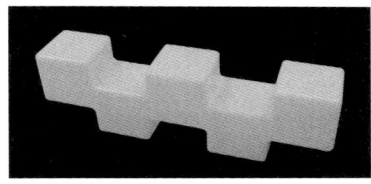

61. 뉴욕 현대미술관의 하우스 딜리버리 전시회의 워터 블록 브랜치 / 2008

62. 워터 블록 브랜치로 만든 지붕을 씌운 파빌리온

결론

63. 워터 블록 브랜치로 만든 파빌리온 목업

해결책을 찾아가는 것이다. 현실적인 인식밖에, 그 겸허함밖에, 건축의 희망은 없다. 그 마음에서 건축을 시작하는 것이 진실된 의미에서 자연스러운 건축이라고 생각한다.

고마움을 전하며

이 책을 만들면서 신세를 진 여러분에게 감사의 글을 쓰기 시작하니 너무나도 많은 분들의 얼굴이 떠올라 혼란스러워진다.

　우선 이 책을 만들 수 있게 해 주신 이와나미쇼텐 출판사의 지바 가쓰히코(千葉克彦) 씨, 이토 고타로(伊藤耕太郎) 씨에게 너무나도 많은 신세를 졌다. 그리고 구마겐고 건축설계사무소의 이나바 마리(稻葉麻里) 씨에게는 사무실에 보관되어 있는 막대한 양의 건축 사진과 도면 자료의 선정에서 정리에 이르는 작업을 모두 부탁해 버렸다.

　보통은 이 정도에서 감사의 글이 끝나지만 이 책의 경우에는 여기에서 언급된 '자연스러운 건축'을 실제로 실현하기 위해서 몹시 애를 써 준 사람들의 도움이 없었다면 책 내용 자체가 생기지 않았을 것이다. 그런 의미로 이 책의 진정한 저자는 이 책에 나온 모든 사람들이라고 해야 할 것이다.

　관계한 사람을 일일이 나열하려고 하니 범위가 엄청나게 커져 심지어 우주 끝까지 갈 것 같은 기분이다. 나무 건축물을 만들었을 경우에는 훌륭한 기법을 보여 준 목수들의 얼굴이 우선 떠오르지만 그 배후에는 숲을 소중하게 가꾸고 지켜 준 사람들이 있는 셈이고, 게다가 그 배후에는 물을 관리하는 사람이 있고, 자연환경의 섬세한 순환 구조를 지킨 모든 사람들이 있다.

 '자연스러운 건축'의 의뢰인들에 대해서는 보통 건축의 클라이언트에 대한 감사와는 비교가 안 될 만큼의 큰 감사를 전하지 않으면 안 된다. 본문에서도 되풀이한 것 같이 '자연스러운 건축'은 상처 받기 쉽고 변색되기 쉬운 결점이 많아서 유지 관리에도 시간이 걸린다. 그러한 점들을 받아들여 주고, '자연스러운 건축'에 큰 결단을 내려 준 이들에 대한 감사는 말로 표현할 수 없다.

 그 결단이 없었다면 아무것도 시작하지 않았고, 아무것도 실현되지 않았을 것이다. 결단이 있었기 때문에 나는 이렇게 달리기를 시작한 것이다. 결점투성이의 자연 소재를 어떻게든 격려하고 구출하고 어떻게든 건축이라는 형태로 만든다는 목표를 향해서 우리들은 없는 머리를 짜낼 수 있었던 것이다.

아마 '자연스러운 건축'은 큰 관대함 속에서 비로소 성립하는 건축이다. 내가 그런 큰 관용에 둘러싸여 있던 덕분에 어떻게든 일을 계속해 올 수 있었던 셈이고, 그래서 어떻게든 이 책이 완성되었다. 다시 한번 그 관용에 진심으로 고마움을 전하고 싶다.

2010년 7월
구마 겐고

『자연스러운 건축』을 우리말로 옮기면서

어느 날이었다.
연구실에 틀어박혀서 학위 논문 정리로 정신 없는 나날을
보내고 있을 때였다. 지식 축척의 집약체가 논문이라고 생각하며
하루하루 고군분투하는 날들이었다. 그때 전화 한 통이 걸려 왔다.
구마 겐고였다.

"태희, 물어볼 것이 있어."
"뭔데요?"
"한국의 전통 건축 처마를 보면 서까래가 있잖아.
 건축물 정면에 서서 보면 서까래의 단면이 보이는데, 위쪽은 사각,
 아래는 원형으로 되어 있는 건 왜 그런 거야?"
"……"

 간단한 내용이었지만 전화를 끊고 나서도 전화기를 쥐고는
 멍멍해지는 기분으로 꼼짝 못하고 한참을 앉아 있었다.

이야기는 이러했다. 서까래를 구축하는 방법은 한국과 일본 그리고 중국 모두 사용해 왔지만 그 방법이 각국마다 전부 다르다는 것이다. 일본은 서까래를 사각만 써 왔고, 한국과 중국은 이중으로 덧대어 사용하는 경우 중국은 위쪽이 원형, 아래쪽이 사각인데, 한국은 위쪽이 사각, 아래쪽이 원형이라는 것이다.

    동양 사람들은 사각은 땅, 원은 하늘을 의미한다고 생각해서 사각 위에 원형을 사용한 중국의 경우는 이해가 되는데, 한국은 왜 거꾸로 사용했는지 궁금하다는 것이었다.

    생각해 보니 정말 그랬다. 처마는 건축 공간에 적당한 그늘을 만들어 내기 위해서 사용했다. 여름철 시원한 그늘을 만들기 위해서 혹은 건축물의 늠름한 위상을 보이기 위해서 겹처마는 자주 사용되어 왔다. 한국은 홑처마인 경우에는 단면이 원형인 서까래가 일반적으로 사용되어 왔지만, 겹처마인 경우에는 원형의 서까래 위에 단면이 사각으로 보이는 부연을 덧달아 매었다. 땅은 사각, 하늘은 원이라고 생각하는 것은 한국의 건축에서도 흔히 찾아볼 수 있는

사실이었다. 그런데 지붕의 서까래와 부연은 왜 그렇게
만들어진 걸까?

    일본에서 찾을 수 있는 자료에는 한계가 있어서 평소에 알고
지내던 건축학과 교수 몇 분께 자문을 구했다. 그러한 사실과 용어,
종류와 사례 등의 정보는 풍성하게 얻어 낼 수 있었다. 그러나 왜
그렇게 만들게 되었는지, 어떤 생각으로 그렇게 만들어진 것인지에
관해서는 속 시원한 해답을 구할 수가 없었다. 나는 비로소 건축을
이해하는 방법이 사실에 대한 정보 수집보다는 본질적인 이해가
얼마나 중요한지를 깨닫게 되었다. 구마의 질문은 한국의 전통
건축의 서까래가 어떠한 형태인지 실제로 그러한지 아닌지에 대한
사실에 대한 정보 수집이 아니라 한국 사람들이 건축을 만들 때
자연을 어떻게 생각하고, 어떻게 이해하고, 또 어떻게 표현했는가에
대한 해답을 구했던 것이다.

    결국 구마의 질문에 나는 아직도 대답을 못하고 있다. 다만
『자연스러운 건축』을 번역하면서 어느 날 뜬금없이 걸려 온 전화

한 통의 질문이 단순한 궁금증만은 아니라는 사실을 다시 한번 확인한다. 구마가 나에게 던졌던 질문의 본질은 비단 자연과 건축과의 관계성에만 국한된 것은 아니라는 사실을 이 책을 통해서 읽을 수 있다. 어쩌면 이 책은 어떤 건축이 인간을 위한 건축인가, 더 비약하자면 어떻게 살아야 할까와 같은 질문처럼, 가장 진지하고 어쩌면 가장 순진한 고민과 생각들이라고 생각한다. 글쎄 또 다른 그의 책을 번역하면서 혹은 어느 날 그와 나누는 대화 속에서 지금의 나의 이해와 생각이 오역이고 오해였다고 생각하는 날이 오게 될런지는 모르겠다. 그러나 지금 이 순간만큼은 어쩌면 바보스러울 정도로 진지하고 진실된 그의 이야기가 진정한 의미를 가질 것이라고 확신하고 있다.

    나의 책 띠지에 들어갈 한마디를 부탁했더니 그는 이렇게 써 주었다. "지금은 건축이라는 한계를 넘어서 자유롭게 생각할 사람이 필요하다. 내가 아는 임태희는 그런 사람이다."

    내가 아는 구마는 이 시대의 건축이라는 한계를 넘어서 자유롭게 생각해야 할 필요성을 제시하고, 그 생각들을 건축으로 하나씩 실현해 가는 건축가이다. 나도 언젠가는 그처럼 되고 싶다.

   2010년 6월

   임태희